入“家”境

舒适小家

现代风格小户型搭配秘籍

庄新燕　等编著

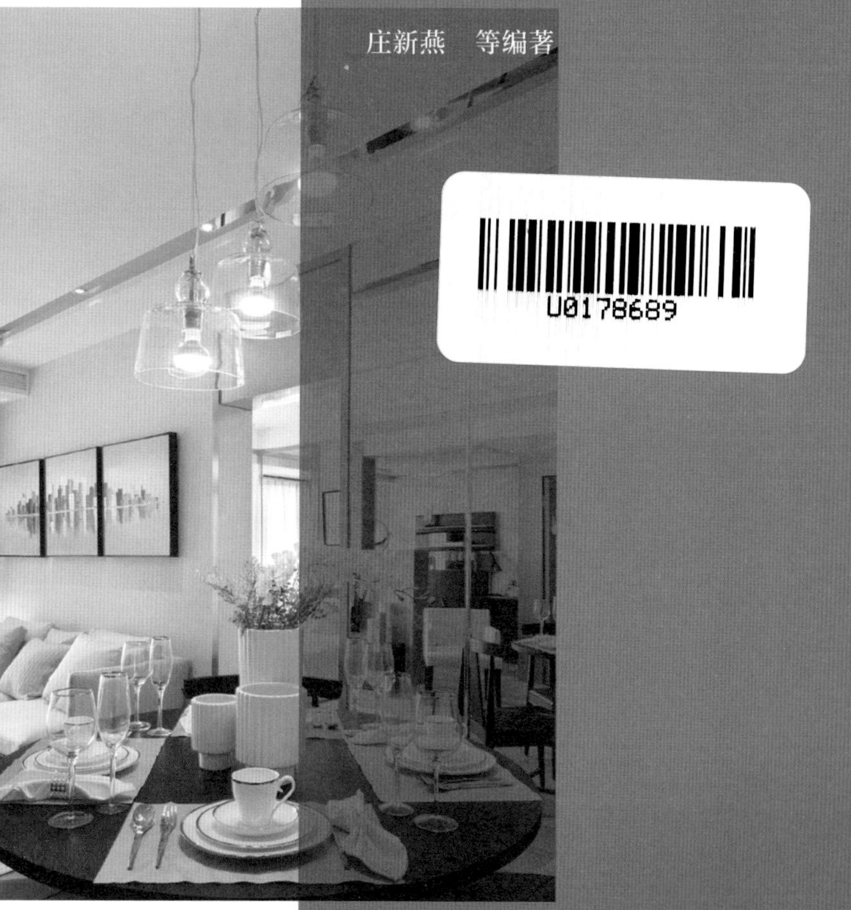

机械工业出版社
CHINA MACHINE PRESS

本书汇集了数百幅小户型家庭装修案例图片，全方位展现现代风格居室简约、时尚、自由、实用的特点。本书共有六章，包括了客厅、餐厅、卧室、书房、厨房、卫生间六大主要生活空间，分别从居室的布局规划、色彩搭配、材料应用、家具配饰、收纳规划五个方面来阐述小户型的搭配秘诀。本书以图文搭配的方式，不仅对案例进行多角度的展示与解析，还对图中的亮点设计进行标注，使本书更具有参考性和实用性。本书适合室内设计师、普通装修业主以及广大家居搭配爱好者参考阅读。

图书在版编目（CIP）数据

舒适小家. 现代风格小户型搭配秘籍 / 庄新燕等编著. —北京：机械工业出版社, 2020.12
（渐入“家”境）
ISBN 978-7-111-66886-2

Ⅰ. ①舒… Ⅱ. ①庄… Ⅲ. ①住宅－室内装饰设计 Ⅳ. ①TU241

中国版本图书馆CIP数据核字(2020)第219749号

机械工业出版社（北京市百万庄大街22号 邮政编码 100037）
策划编辑：宋晓磊　　责任编辑：宋晓磊　李宣敏
责任校对：刘时光　　封面设计：鞠　杨
责任印制：孙　炜
北京利丰雅高长城印刷有限公司印刷

2021年1月第1版第1次印刷
148mm × 210mm · 6印张 · 178千字
标准书号：ISBN 978-7-111-66886-2
定价：39.00元

电话服务　　网络服务
客服电话:010-88361066　　机　工　官　网：www.cmpbook.com
010-88379833　　机　工　官　博：weibo.com/cmp1952
010-68326294　　金　书　网：www.golden-book.com

机工教育服务网：www.cmpedu.com

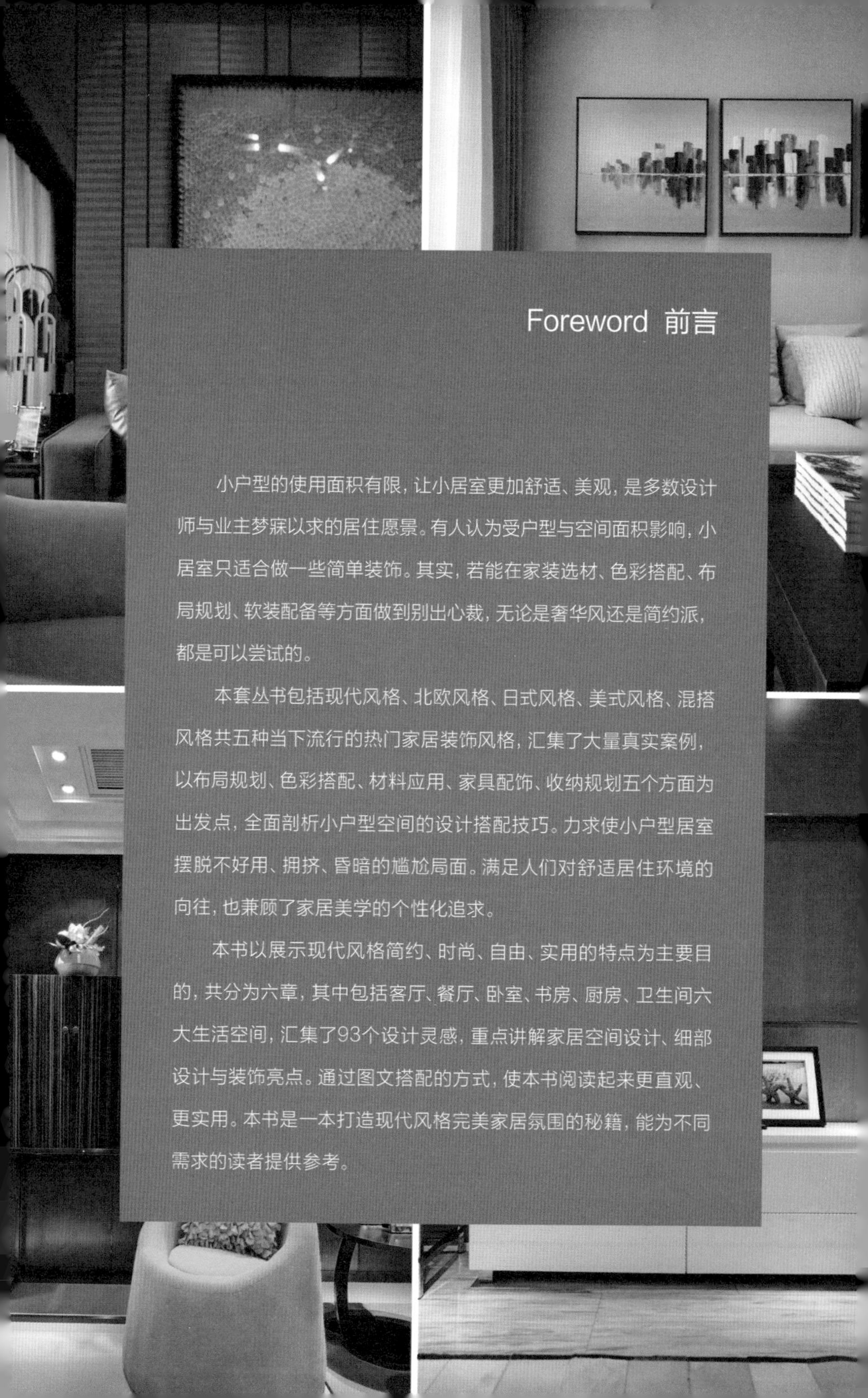

Foreword 前言

小户型的使用面积有限，让小居室更加舒适、美观，是多数设计师与业主梦寐以求的居住愿景。有人认为受户型与空间面积影响，小居室只适合做一些简单装饰。其实，若能在家装选材、色彩搭配、布局规划、软装配备等方面做到别出心裁，无论是奢华风还是简约派，都是可以尝试的。

本套丛书包括现代风格、北欧风格、日式风格、美式风格、混搭风格共五种当下流行的热门家居装饰风格，汇集了大量真实案例，以布局规划、色彩搭配、材料应用、家具配饰、收纳规划五个方面为出发点，全面剖析小户型空间的设计搭配技巧。力求使小户型居室摆脱不好用、拥挤、昏暗的尴尬局面。满足人们对舒适居住环境的向往，也兼顾了家居美学的个性化追求。

本书以展示现代风格简约、时尚、自由、实用的特点为主要目的，共分为六章，其中包括客厅、餐厅、卧室、书房、厨房、卫生间六大生活空间，汇集了93个设计灵感，重点讲解家居空间设计、细部设计与装饰亮点。通过图文搭配的方式，使本书阅读起来更直观、更实用。本书是一本打造现代风格完美家居氛围的秘籍，能为不同需求的读者提供参考。

Contents 目录

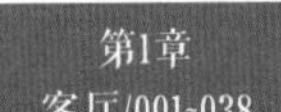

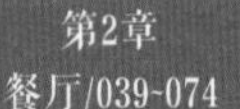

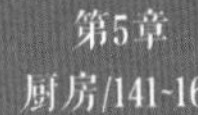

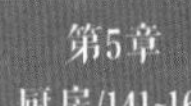

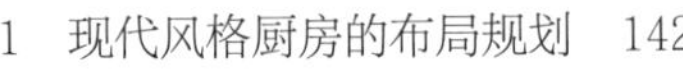

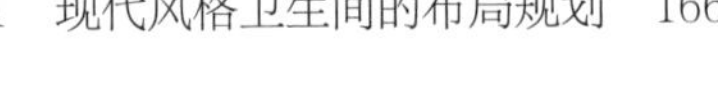

第 1 章

客 厅

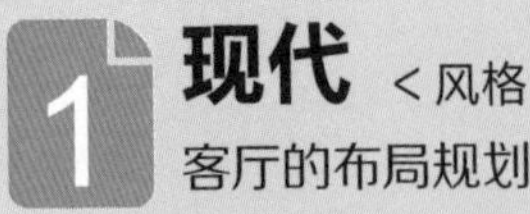

1 现代 <风格
客厅的布局规划

方便分区的矮墙与玻璃隔断

客厅、厨房、餐厅用功能隔断区分，用起来更方便

透明材质规划客厅，通透感更强

亮点 Bright points

收纳隔断

开放式的层板可以用来收纳陈列一些藏品，功能性与美感兼备。

亮点 Bright points

格栅隔断

木质格栅线条感十足，简单利落地划分了玄关和客厅，实现了两个空间的独立性。

亮点 Bright points

装饰画

现代风格的装饰画比较抽象，简洁中带有浓郁的艺术感与设计感。

01

方便分区的矮墙与玻璃隔断

亮点 Bright points
素色大理石
简洁通透，纹理很清晰，日常打理方便。
亮点 Bright points
圆形茶几
茶几的外形简洁大方，抽屉式设计可以用来收纳一些小物品。
1

小家精心布置之处

1.客厅与书房之间的墙面选材搭配得当，既能有效划分空间，又不会产生压迫感。

2.通过白色遮光帘将强光过滤，让客厅的采光舒适又充足；家具的搭配张弛有度，保证基本功能不显铺张。

3.茶色玻璃与黑色边框的搭配，让书房保持通透，也让小居室有了焕然一新的时尚感。

利用矮墙或玻璃隔断来规划室内布局，可以使小居室没有了闭塞感与局促感，让客厅、书房、餐厅、玄关等空间有序划分还能适度相通，保证视线开阔的同时还能让每个空间都拥有充足的自然光线。

02 客厅、厨房、餐厅用功能隔断区分，用起来更方便

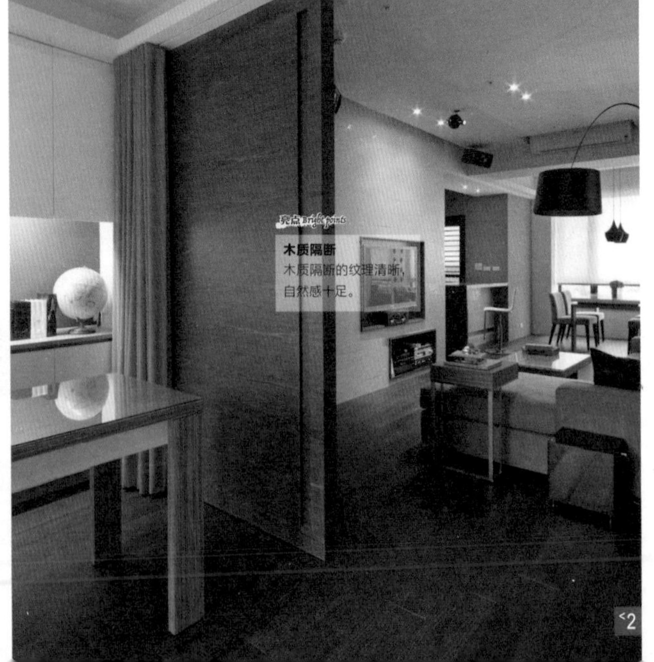

亮点 Bright points

木质隔断

木质隔断的纹理清晰，自然感十足。

小家精心布置之处

1.将沙发布置成L形，是小户型客厅的理想布置方式，再搭配一张带有收纳功能的茶几，是提升生活舒适度的最佳选择。

2.用半截隔板来划分客厅与书房，可以保证书房的基本功能与安静的氛围，还可以引入客厅的自然光，使得两个空间都不显压抑。

亮点 Bright points

抛光墙砖

亮面砖可以让小居室看起来更敞亮。

3.为了保证室内通透，将厨房设计成开放式，与电视墙相连，整体刷成白色，显得更加宽敞、明亮。

4.电视墙上做出一个小壁龛，可以将音响等电器设备收纳进去，可以提升整洁度还节省了空间。

规划小空间布局时，可以考虑选用带有实用功能的隔断对客厅、厨房、餐厅进行划分。如带有休闲功能的吧台、带有收纳功能的边柜等，这样将不同区域明显分隔出来的同时，使用也更加方便。

03

透明材质规划客厅，通透感更强

亮点 Bright points

玻璃隔断

黑色边框的玻璃隔断，通透感十足。

小家精心布置之处

1.为了保证光线的充足，书房与
间用玻璃进行分隔，通透的材质
书房景致引入客厅，彼此衬托。

1

亮点 Bright points

实木茶几

低矮的茶几造型，不占据视线，更节省空间。

2.良好的采光与地面
地砖，让客厅呈现的
宽敞、明亮。

2

3

亮点 Bright points

干枝插花

取材自然，精心的修剪让干枝也可以为居室带入大自然的原始美感。

3.为体现选材的天然，电视墙采用了天然洞石进行装饰，质感突出，看起来十分养眼，自然风的家具和饰品搭配得毫无违和感。

4

5

4.玻璃隔断被设计成横向推拉式，分割效果明显，且回旋空间小，是个节省空间的好方式。

5.大量布艺元素的使用并没有使沙发显得凌乱，反而让室内的配色更有层次，也提升了空间的舒适度与美感。

2 现代 <风格

客厅的色彩搭配

灰色系与白色系的轻对比，营造柔和、时尚的现代美感

黑色与白色的合理运用，让小客厅更整洁

灵活多变的软装色彩，点缀生活亮点

点缀高纯度亮色，活跃空间氛围

亮点 Bright points

混纺地毯

地毯的颜色十分淡雅，缓和了石材硬朗的视感，为居室增温不少。

亮点 Bright points

灰白色调装饰画

装饰画的灰白色调，与长沙发的色调相互呼应，非常附合居室内高雅舒适的家居氛围。

亮点 Bright points

棕色单人椅

在以咖色为背景色的客厅中，棕色的点缀丰富了空间色彩层次，且并不会显得突兀。

04

灰色系与白色系的轻对比，营造柔和、时尚的现代美感

<1

想要彰显现代风格居室时尚、大气的风格特点，选择灰色作为主体色是最经典的配色方式。灰色能给人带来内敛、沉稳、大气的美感，在实际运用时，可与亮白色、米白色、奶白色等白色系搭配，利用白色调的扩张感，在视觉上营造更强的扩张感，同时利用灰色与白色的对比，让小客厅的视感柔和而明快。

小家精心布置之处

1.电视墙运用了性价比很高的纯纸壁纸进行装饰，花色和图案都很柔和，让客厅变得明亮舒适。

2.墙面隔断做成搁板，层次丰富，半弧形的设计也更有设计感。

3.地板、沙发、隔断墙、茶几的颜色由浅到深，过渡和谐，与白色顶面、墙面形成的对比也更加柔和，展现出现代居室时尚、简约的配色特点。

<2

亮点 Bright points
搁板
开放式搁板丰富沙发墙的设计层次，用来放置一些精美摆件能够很好地装饰居室。

<3

黑色与白色的合理运用，让小客厅更整洁

亮点 Bright points

灯带

黑白色调的客厅中，用暖色灯带进行修饰，氛围更温馨。

黑色与白色在搭配时应注意把握使用比例上的合理性与分配的协调性，过多的黑色会使客厅失去应有的温馨，可以适当地放大白色的使用面积，同时以黑色作为辅助搭配，这样的视觉效果鲜明又干净，而且大面积的白色还能为小空间带来不可或缺的扩张感。

小家精心布置之处

1.为彰显时尚整洁的格调，电视墙采用了浅色大理石作为装饰，其纹理清晰，在灯带的衬托下丝毫不显沉重。

2.密度板的灰色介于沙发与顶面的颜色之间，使强烈的黑白对比色看起来柔和不少。

亮点 Bright points

暖色抱枕

橘红色的抱枕提升色彩层次，温暖了整个居室。

3.将沙发墙的一部分设计成可以用作收纳的层板，丰富墙面设计的同时，拿取上面的物品也更方便。

3

4.室内采用了较多的石材、皮革和玻璃，没有搭配任何复杂的设计造型，最大限度地突出了材质本身的特点与美感。

亮点 Bright points

长方形茶几

玻璃与木作结合的茶几，简洁利落、好打理。

4

06 灵活多变的软装色彩，点缀生活亮点

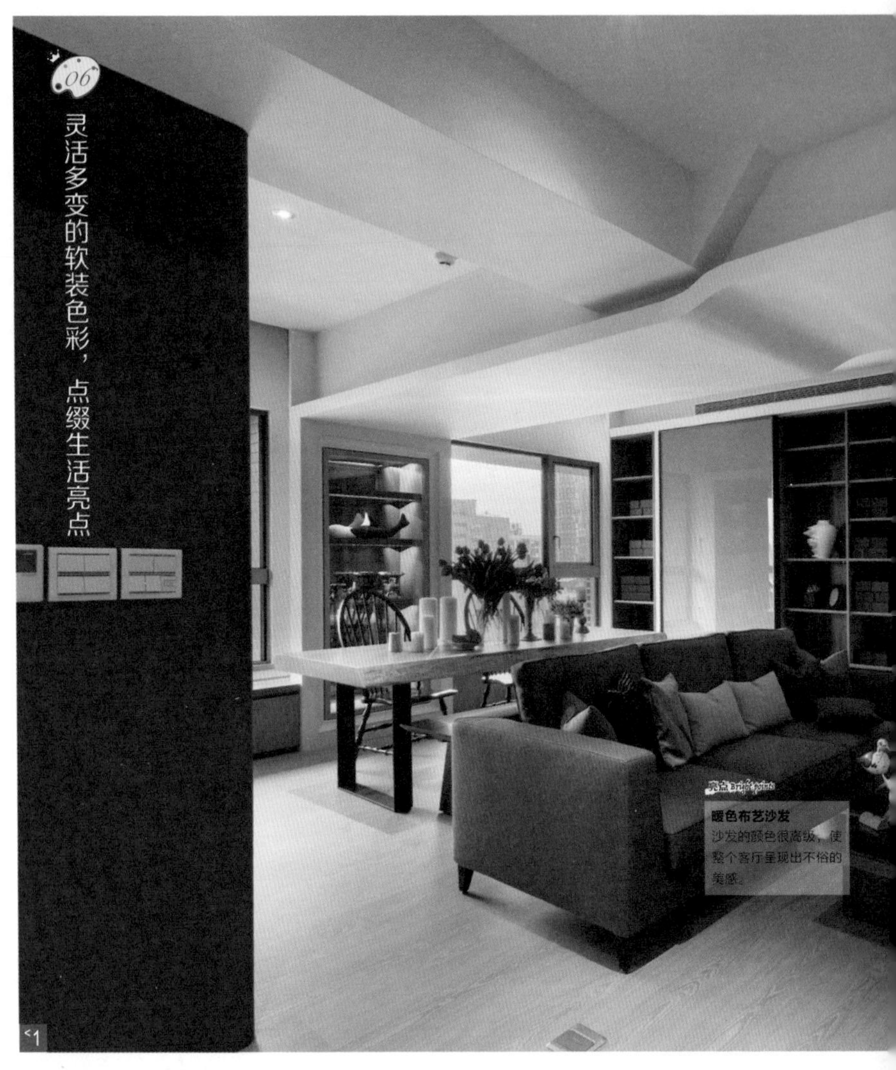

亮点 bright points
暖色布艺沙发
沙发的颜色很高级，使整个客厅呈现出不俗的美感。
1

现代风格的客厅中沙发罩、抱枕、地毯、窗帘、绿植等这些软装元素可以根据心情、季节的交替而随意更换。颜色可华丽、可素净，使用面积不大，却是小居室中不可忽视的装饰亮点。

小家精心布置之处

1.客厅的顶面设计一部分采用了挑高设计，因此不会使小空间显得拥挤，也使开放式的空间看起来更显宽敞。

亮点 Bright points
射灯
射灯安装的灵活性较高，可以满足不同方向的光源需要。

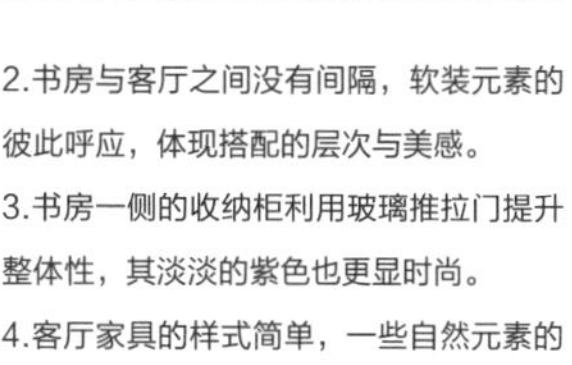

2.书房与客厅之间没有间隔，软装元素的彼此呼应，体现搭配的层次与美感。

3.书房一侧的收纳柜利用玻璃推拉门提升整体性，其淡淡的紫色也更显时尚。

4.客厅家具的样式简单，一些自然元素的点缀，增添了室内装饰的趣味性。

07

点缀高纯度亮色，活跃空间氛围

亮点 Bright points

吊柜隔断

悬挂式隔断视感轻盈，还具备一定的收纳功能。

1

小家精心布置之处

1.采用铁艺支架搭配木质隔板制造的隔断，很自然地将客厅与餐厅分隔成两个空间，并且客厅显得非常宽敞、明亮。

2.色彩丰富的布艺元素丰富了客厅的配色层次，鲜艳的色彩搭配也使室内氛围更加活跃。

2

亮点 Bright points

遮光卷帘

遮光帘过滤了室内强光，让室内的自然光源更加舒适。

3.客厅家具的样式选择尽量简洁利落，简单低矮的造型看起来非常养眼，室内摆件丰富的色彩搭配得毫无违和感。

亮点 Bright points
冷色布艺抱枕
抱枕与沙发的颜色形成互补，明快又活跃。

4.木作与金属结合，强化了现代家具设计的线条感，显得更加时尚、大气。

3 现代 <风格
客厅的材料应用

亮面材质的洁净感与扩张感

线条的运用，让小空间更有利落感

借助镜面，让小空间更宽敞

重质不重量的选材原则，让小客厅简约、通透

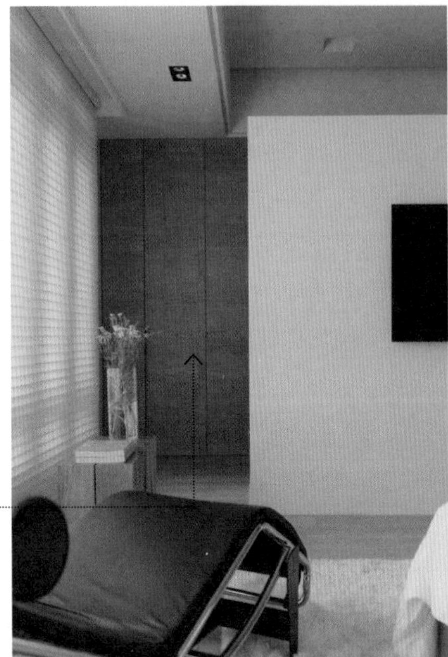

亮点 Bright points

木饰面板

木材与白墙的组合，呈现的视觉效果更加简洁、自然。

亮点 Bright points

装饰灰镜

镜面利落、通透，有扩张视觉的效果。

亮点 Bright points

硬包

硬包的立体感更强，不仅能丰富墙面的设计层次，还有着隔声、吸声的作用。

08

亮面材质的洁净感与扩张感

亮点 Bright points

金属工艺品

金属工艺品的外形充满科技感，是茶几上的装饰亮点。

客厅的墙面、地面选择亮面材质进行装饰，不仅能为空间增添亮度感，还能营造出开阔的空间效果，缓解墙体的封闭感与小空间居室的局促感。

亮点 Bright points
地毯
地毯采用了抽象的花卉图案，看起来有着十足的时尚感。

小家精心布置之处

1.空间做成开放式格局，且没有进行任何过多的分隔，家具按照主人的生活习惯摆放，舒适度更高。

2.洁净的大理石装饰的沙发墙，搭配样式简单的沙发与多个布艺抱枕、地毯，冷暖材质的组合运用，无一不散发着温暖的气息。

09

线条的运用，让小空间更有利落感

亮点 Bright points

干枝

干枝是近两年用来营造室内艺术氛围的新宠。

小家精心布置之处

1.电视下方设计了一个搁板，一直延伸到走廊，搁板可以用来收纳日常用品，有效利用了空间。

<1

<2

亮点 Bright points
简化的宫灯
造型简洁，却带有浓郁的古典气质。
4

3.铁艺隔断的样式简洁，质感轻薄，突显了底部矮墙石材的体量感，极富时尚感。

4.灰色镜面装饰线条搭配灰色乳胶漆，简约利落，再搭配一幅色彩柔和的装饰画，营造出一个时尚、舒适的空间。

5.墨绿色的布艺窗帘，极富质感，厚重的面料具有良好的遮光性，也为居室配色增添了和谐感。

亮点 Bright points
装饰画
黑色边框用来装裱水彩画，毫无违和感。

2.客厅和餐厅的地面选用同一种材质，简洁通透的质感，将室外光线反射入室内，使高级灰色调的空间看起来更显时尚、大气。

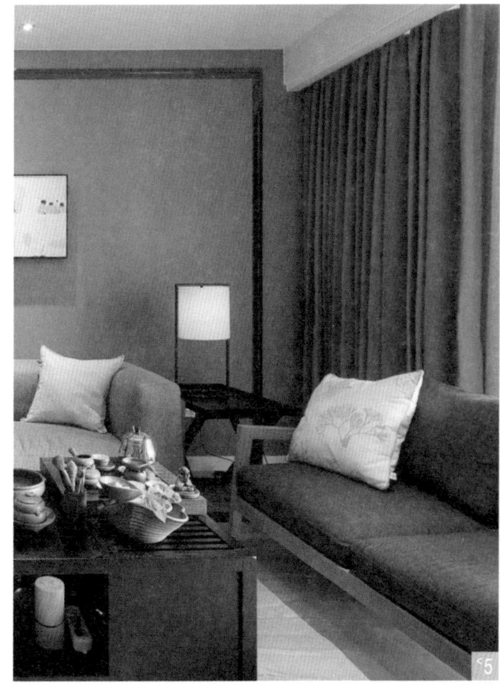

小家精心布置之处

1.布艺抱枕以黄色和蓝色为主，呈现的视觉效果十分清爽、明快，大量的布艺元素也弱化了背景墙的冷硬感。

2.沙发墙局部采用镜面作为装饰，大大提升了室内的扩张感，镜面的车边处理形成立体鲜明的层次，缓解了小居室的压迫感。

<1

10

借助镜面，让小空间更宽敞

亮点 Bright points

边几

金属与石材结合，线条流畅，结实耐用。

<2

3.简洁的镜面为小客厅带来简约的视感和现代气息的美感，镜面与石膏板的组合，利用两者之间的质感对比突显了客厅空间的品质。

亮点 Bright points

绢花插花

绢花的造型别致，艺术气息与自然美感不亚于真花。

<3

亮点 Bright points

白色紫罗兰

紫罗兰具有淡淡的清香，且容易养护，性价比较高。

4.餐厅与客厅保持开放式设计，也延续了客厅的简洁气质，白色地砖、镜面无一不彰显现代风格的简洁与利落。

<4

重质不重量的选材原则，让小客厅简约、通透

为了迎合现代风格简约、大方、通透的特点，空间的营造方式是设计重点。装饰材料的选择应以“质感重于数量，搭配重于造型”为首要原则。摒弃多种材料的堆砌，也不需要做任何浮夸的设计造型，利用材料的质感对比来体现空间层次感与氛围感。如石材与木材的冷暖对比，木材与玻璃的质感对比等，材质的互补可以使室内整体呈现的氛围效果更加和谐、温馨。

1

小家精心布置之处

1.客厅的采光极佳，利用窗台的高度打造了卡座，卡座除了使主人能充分享受阳光，更让客厅的储物功能得到了很大的提升，让客厅中美观性与实用性并存。

2.电视墙设计成收纳柜，用于收纳物品或陈列装饰品，打造出一面与众不同的电视墙。

2

亮点 Bright points

暖色灯光搭配电视墙面的石材，呈现的视觉效果更加温馨。

亮点 Bright points

休闲椅

空间面积允许的情况下，可以放置一张休闲椅，读书或是观影都是不错的选择。

亮点 Bright points
仿古落地灯
中式格调浓郁的落地灯，为现代居室增添了古朴、雅致之美。

3.木饰面板搭配开放式层板，结构简洁大方，结实耐用，开放式层板可以用来收纳或陈列一些生活物品，大大提升了小客厅的使用率。

现代 < 风格
客厅的家具配饰

线条简化的家具，更实用

简化配饰，也能让小客厅美感倍增

定制家具，保证功能性提升美感

缩小家具体积，释放更多空间

亮点 Bright points

单人沙发

铁艺与皮革结合的沙发，结实耐用，质感突出。

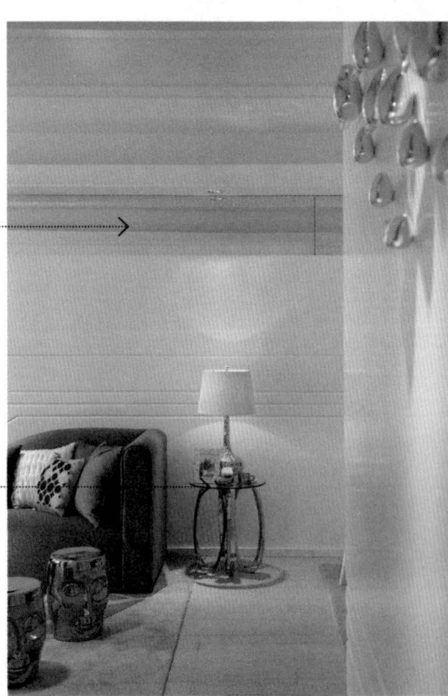

亮点 Bright points

银镜

镜面可以使小空间看起来更有扩张感，让装饰效果更显简洁、通透。

亮点 Bright points

边几

线条流畅的金属支架搭配通透的钢化玻璃，简单大方，美观实用。

亮点 Bright points
铁艺落地灯
黑色铁艺灯架更有一番
后现代的工业美感。
1

小家精心布置之处

1.小客厅拥有良好的采光，运用飘逸的白纱不仅可增添室内的浪漫氛围，还可以过滤强光，让采光更舒适。

2.看似随意摆放在沙发一侧的装饰画，却是客厅装饰的一个亮点。

3.小客厅的家具样式被尽量简化，这样可以在视觉上让空间显得更宽阔，弱化小客厅的紧凑感。

4.电视墙作大面积留白处理，但在墙面右侧设计有壁龛，可以摆放自己心爱的读物。

简化配饰，也能让小客厅美感倍增

布置现代风格的小客厅，无须过多的软装点缀，保持家具材质和风格上的统一即可。造型简化的家具、灯具及饰品，注重实用性与功能性，简简单单在不占据视觉空间的同时也能使小客厅美感倍增。

小家精心布置之处

1.客厅虽小却运用了不少绿植和插花进行装饰，迎合了现代人对清新自然、轻松随意的居室氛围的向往。

<1

2.实用的L形沙发布置方式更适合小客厅，沙发与茶几等主要家具的设计线条简洁大方，注重功能也不乏美观。

3.客厅与阳台之间运用了充满自然韵味的木质格栅，可将阳台的自然光引入室内，打造的空间更加舒适。

<2

<3

亮点 Bright points

烛台

烛台、花艺的装扮点缀，塑造出现代生活的情趣与美感。

亮点 Bright points
绿植
大型绿植适合靠窗摆放，采光好更适合植物生长。

4.用一幅装饰画就化解了走廊远端墙面的单调感，简单有效，性价比很高。

定制家具，保证功能性提升美感

亮点 Bright points

钢化玻璃茶几

玻璃茶几下搭配了木质抽屉，可以用于日常收纳杂物。

<1

小家精心布置之处

1.将电视墙打造成可用于收纳的柜体，是一般小户型通用的做法，将柜体延伸至玄关处的设计，成为整个空间的设计亮点，量身定制的规划，提升了居室设计的整体感，增添了更多收纳空间，还实现了空间区域的分隔。

2.局部顶面运用了镜面作为装饰，与电视墙的黑色镜面形成呼应，利落的材质搭配，提升了整个空间的层次感与时尚感。

亮点 Bright points

壁龛

电视墙下方设计成壁龛，可以满足日常音响设备线的收纳需求。

<2

3.收纳柜的开合根据自己的习惯进行设计，使用更得心应手。

4.沙发墙也被设计成可用于收纳的壁龛，再搭配隐形的柜门，关闭时与墙面形成一体，设计感十足；这样的巧妙设计用来放置一些贵重物品或心爱的藏品都是不错的选择。

亮点 Bright points

收纳柜打造的沙发墙

收纳柜门都选择向上开启的方式，一方面遵从了自己的使用习惯，另一方面拿取物品也更加方便。

<3

<4

缩小家具体积，释放更多空间

小户型居室若想五脏六腑俱全，合理地缩小家具的体积，能在释放小屋面积，增添使用功能上得到立竿见影的效果。布置时尽量简化家具元素，选用两座或三座沙发搭配方形茶几，满足客厅的基本功能，若空间面积允许还可以搭配一把单体座椅，打破空间简单格局，也能满足更多人的使用需求。

亮点 Bright points

欧式花边地毯

欧式地毯增添了现代居室的异域美感，华贵大气。

小家精心布置之处

1.电视墙被设计成矮墙，将餐厅与客厅分隔，很有空间感，整个空间看起来也非常开阔。

2.高挑的窗户让整体空间拥有良好的采光，对空间进行了仔细规划，努力减少家具的使用，让小空间看起来比实际大很多。

3.现代风格客厅中，地毯、抱枕等软装元素选得略微带点欧式古典风格，可营造出温馨、舒适又不乏情调的居室氛围。

亮点 Bright points

升降卷帘

不占空间，使用方便，让室内采光更柔和舒适。

5 现代 <风格

客厅的收纳规划

化收纳为装饰，一举两得

简化收纳柜，增添小客厅的简洁感

根据实际需求规划收纳，让客厅做到小而有序

巧设吧台，承担客厅与餐厅的两处收纳

亮点 Bright points

隔断墙

用灵活的隔断墙代替实墙，不会让后面的小餐厅产生闭塞感，在划分空间的同时又能保证两个区域的流通性。

亮点 Bright points

电视柜

层架式电视柜，外形简单，节省空间又能满足日常的收纳需求。

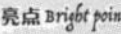

亮点 Bright points

搁板

高低错落的搁板是沙发墙的设计亮点，其上陈列的小物件非常有趣。

亮点 Bright points

布艺沙发

高级灰色是现代风格居室沙发颜色的首选，百搭且低调中流露出十分高级的美感。

16

化收纳为装饰，一举两得

亮点 Bright points

大理石茶几

大理石饰面搭配金属支架，结实耐用，不规则的几何造型现代感十足。

<1

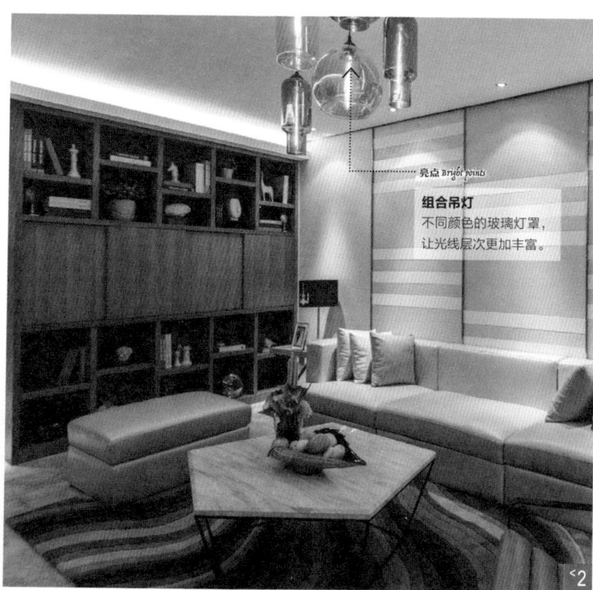

亮点 Bright points
组合吊灯
不同颜色的玻璃灯罩，让光线层次更加丰富。
<2

小家精心布置之处

1.电视墙采用密度板与镜面作为装饰，看起来非常时尚，很有层次感。

2.沙发的左侧墙面定制了收纳柜，全木材质，为现代居室注入满满的大自然的气息，为小客厅增添了更多的收纳空间。

亮点 Bright points

银质烛台
纯银质地的烛台，其造型简洁大方，为现代居室融入古典美感。

简化收纳柜，增添小客厅的简洁感

小家精心布置之处

1.客厅没有了电视，将沙发布置成围坐式布局，让聊天交谈的氛围更显亲和、融洽。

2.在原本安装电视的位置打造了壁炉，为现代居室注入了欧式情调，简洁利落的线条又不失现代风简洁大方的装饰风格。

3.复古花卉图案的布艺沙发为客厅带来了视觉惊喜，与茶几上精美的插花搭配，带给人的感觉舒适而又自然。

3

亮点 Bright points

中式人偶

三只中式人偶让室内的装饰元素更显丰富。

4.墙面的一端被打造成壁龛用于收纳，开放式的搁板上可以根据自己的喜好陈列一些精美饰品，装点出丰富的生活情趣。

4

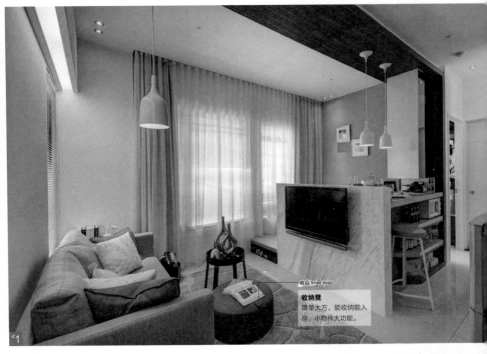

亮点 Bright points

收纳凳

简单大方，能收纳能入座，小物件大功能。

<1

18

根据实际需求规划收纳，让客厅做到小而有序

在客厅墙面上固定收纳柜，其深度不要超过50厘米，这样既增加了室内的储物空间，还不会使小居室产生局促感。开放的层柜可以用来放置随身物品或展示藏品，封闭柜则可以用来收纳一些生活杂物。

小家精心布置之处

1.阳光充足的空间能给人带来安全感和舒适感，家具的深浅搭配，呈现的视觉效果非常清爽。

2.厨房的操作区与收纳区采用双一字形布局，空间虽小，却功能齐全。

<2

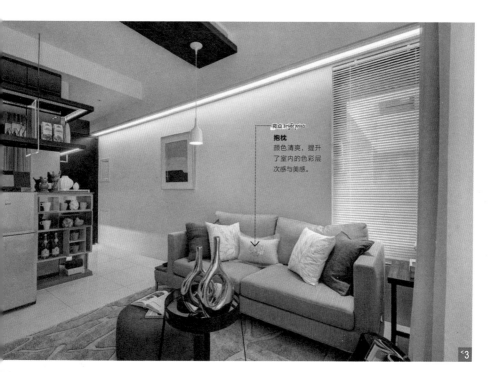

亮点 Bright points

抱枕

颜色清爽，提升了室内的色彩层次感与美感。

3.客厅与玄关、厨房之间没有设置任何分隔，利用不同功能家具的布局形式营造出不同功能的空间感。

4.多层次的玄关柜为小居室提供了更强大的收纳功能，悬空的柜体搭配明亮的灯带在视觉上也更加轻盈，弱化了小空间的紧凑感。

5.简单的沙发造型满足了客厅的基本使用需求，收纳凳与小边几的搭配，以及家具之间高低错落的搭配，使居室功能更加完善。

19

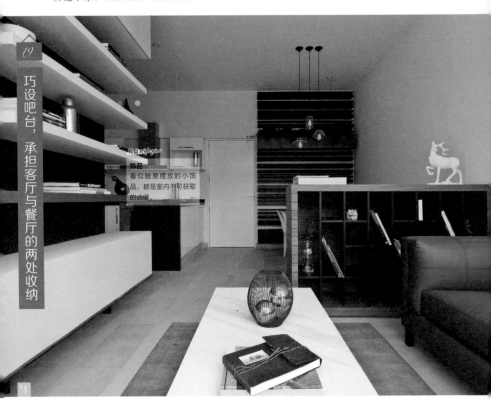

巧设吧台，承担客厅与餐厅的两处收纳

亮点 Bright points

饰品

看似随意摆放的小饰品，都是室内不可获取的点缀。

1

小家精心布置之处

1.客厅与餐厅之间采用具有收纳功能的隔断进行分隔，其木作搁板可以用来收纳两个区域的生活用品。

2

3

2.收纳格子的层次丰富，功能性与装饰性兼备。

3.电视墙被规划成开放的搁板，大量的储物空间让这个空间既可以是书房也可以是客厅。

第 2 章

餐 厅

1 现代 <风格

餐厅的布局规划

省去间隔，也能让小户型拥有空间感

弹性隔断，为用餐提供安全感

改变水槽位置，让小厨房规划更有弹性

亮点 Bright points

肌理壁纸

墙面只采用壁纸作为装饰主材，简洁大方，质感突出。

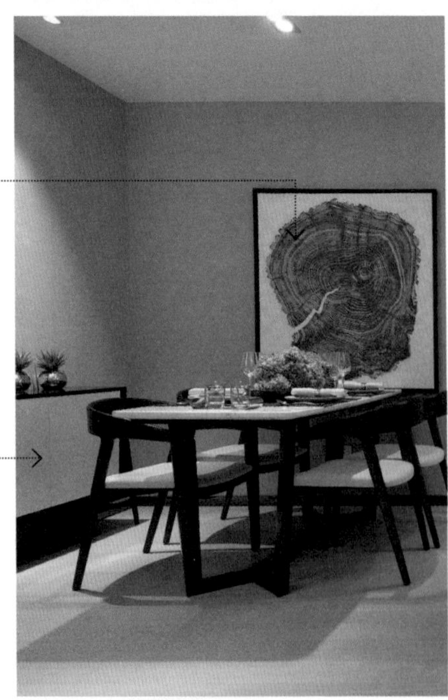

亮点 Bright points

装饰画

装饰画弱化了墙面的单调感，增强了用餐空间的艺术气息。

亮点 Bright points

餐边柜

餐边柜的造型简洁大方，可以将日常用餐的辅助工具收纳其中。

20

省去间隔，也能让小户型拥有空间感

亮点 Bright points

抽象装饰画

抽象的装饰画弱化了墙面的单调感。

1

小家精心布置之处

1.空间整体以白色为背景色，让开放式空间看起来更加宽敞、明亮；餐桌上方搭配了长方形的磨砂玻璃吊灯，柔和明亮的灯光下，营造了餐厅空间的舒适与时尚。

2.镜面与壁纸的混合使用，让设计简约的墙面呈现丰富的层次感，也增加了小居室视感的延伸性。

3.餐桌与中岛台连接在一起，让日常布餐更加方便，还可以将厨房与餐厅分隔，让两个空间相互独立。

规划小户型餐厅时，可以省去一些间隔设计，将餐厅、厨房、走廊三个功能区合理地整合在一起，实现小空间的多功能设计，再利用家具来界定空间，使小空间更有层次感、空间感与秩序感。

2

3

弹性隔断，为用餐提供安全感

拆除玄关与餐厅之间的隔墙可以让小户型更显宽敞，为避免开门后餐厅暴露于眼前，让用餐缺乏安全感，可以运用布帘、珠帘、拉门等弹性隔断进行遮蔽，不影响空间动线，还能让视线避开用餐区。如在玄关处设置收纳柜或悬空吊柜，这样一进门就不会看到餐桌，同时让小户型功能多样化。

小家精心布置之处

1.装饰画是餐厅中难得的暖色，让黑、白、灰三色的衔接更加舒适。

2.餐厅与厨房之间同样不设间隔，将更多的空间留给收纳，让小居室更显整洁，提升生活的舒适度。

1

亮点 Bright points

工艺品画

画品中淡淡的暖色点缀在黑白色调的餐厅，是很有必要的。

2

亮点 Bright points

置物架

上方的置物架，简洁大方，将零碎物品收纳其中，提升整洁度。

3

3.餐厅整体配色简单舒适，以大面积的白色为背景，深灰色家具中适当地点缀一些暖色，更是增添了时尚感。

4.矮墙的设计让整个空间更富有弹性，悬挂式的搁板造型，日后可以用来放置一些植物以美化空间。

5.书房与餐厅之间也没有设立分隔，延续了简单的设计手法，整体空间更和谐。

22

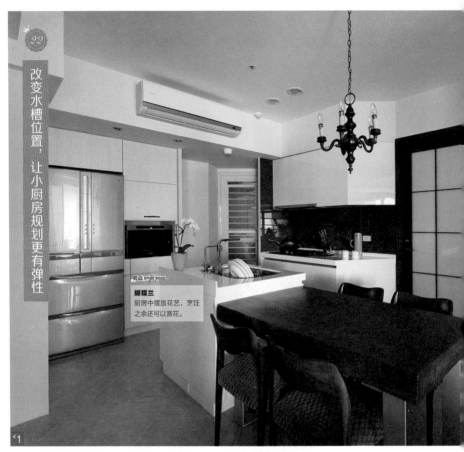

改变水槽位置，让小厨房规划更有弹性

亮点 Bright points

蝴蝶兰

厨房中摆放花艺，烹饪之余还可以赏花。

<1

<2

小家精心布置之处

1.餐厅的背景色以白色为主，无论是墙面或是收纳柜都选择白色，既能在视觉上不抢眼，又能营造更加整洁舒适的环境氛围。

2.从书房的角度望向餐厅，两个区域无阻隔相连，整体地面搭配咖色地砖，耐磨度高，而且易打理，也增添了空间的质朴之感。

亮点 Bright points

复古吊灯

烛台吊灯造型复古，用在现代风格的餐厅中格外惹眼。

3

3.餐厅与厨房之间运用中岛台作为分隔，是开放式空间的经典设计，餐厅面积的不大，家具的样式尽量简化，精细的选材为整个空间提升了生活品质。

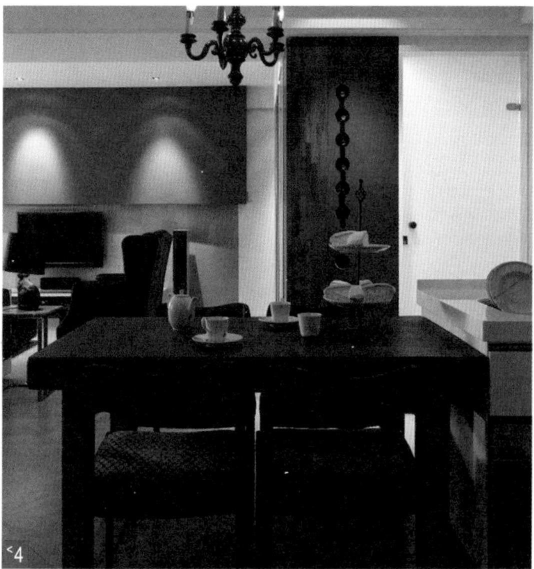

4

4.餐厅侧墙采用木饰面板与蓝色墙漆组合，原木饰面的自然纹理和天然质地与墙漆的细腻形成鲜明对比，使这面墙成为空间装饰的亮点，自然质朴之感贯穿整个空间，让公共区域的风格更加统一。

2 现代 < 风格

餐厅的色彩搭配

暖色点缀，让小餐厅更显温馨

明快的色彩，让开放式空间更加敞亮

利用米色营造现代餐厅的温馨感

棕色调的厚重感与亲和力

亮点 Bright points

实木餐椅

椅子造型简洁大方，实木支架结实耐用，布艺饰面与木质框架的颜色形成深浅对比，活跃用餐氛围。

亮点 Bright points

半球形吊灯

明亮的灯光，保证用餐氛围的舒适与温馨。

亮点 Bright points

复古咖啡机

咖啡机增添了现代居室的复古情调，明快的颜色也成为室内最亮眼的点缀。

23

暖色点缀，让小餐厅更显温馨

现代风格的小餐厅多以白色来强调小空间宽敞、简洁的视觉效果。为营造温馨、舒适的用餐氛围，暖色的运用是必不可少的。但是小空间内的暖色不宜大面积使用，稍作点缀即可。如一点暖色的灯光、一只抱枕、一束花卉都可以。

亮点 Bright points
红色郁金香
象征着爱与祝福的郁金香摆放在餐桌上，幸福感洒满整个餐厅。
<1

小家精心布置之处

1.小餐厅的整体色感清爽、明快，一点红色与黄色分别来自插花与灯光，为室内氛围增添了温馨感。

2.小居室中简化了家具的设计造型，争取更多使用空间；大面积的灰色增添了室内沉稳大气的美感，再利用暖色的灯光烘托出宁静与温暖的氛围。

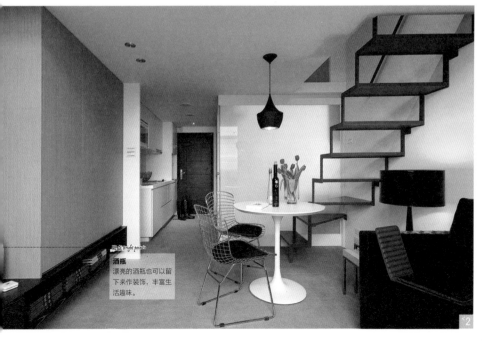

亮点 Bright points

酒瓶

漂亮的酒瓶也可以留下来作装饰，丰富生活趣味。

<2

24

明快的色彩，让开放式空间更加敞亮

亮点 Bright points

马头灯

马头灯象征着自由与积极向上的生活态度。

1

小家精心布置之处

1.餐厅选用白色和蓝色作为背景色，整体呈现的视觉效果简洁明快、清爽宜人；与厨房之间采用了通透的玻璃推拉门进行分隔，利用材质特点实现了光源共享，让分隔后的空间丝毫不显压抑。

2.绿色的百褶吊灯是餐厅装饰的亮点之一，为简洁明快的色彩氛围中添加了一份自然之感。

现代风格居室最大的特点是用色大胆，餐厅的配色也讲究明快。餐厅配色以黑白对比色为主，局部以蓝色、绿色等冷色进行点缀，可使小餐厅的氛围更显简洁、明快。

2

<3

亮点 Bright points

绢花

仿真度极高的绢花用在餐桌上，不用担心花粉对健康的影响。

3.餐厅拥有了非常好的采光条件，温暖和煦的阳光透过白色窗纱洒进屋内，让简洁明快的现代客厅拥有了自然的温馨气息。

4.一尘不染的桌面上摆放着打理得整整齐齐的现代插花、纸巾盒、蜡烛等，所有细节都力求做到精益求精。

利用米色营造现代餐厅的温馨感

现代风格的餐厅中为体现宽敞、明快的视觉效果，多会选用一些色彩对比强烈的颜色进行搭配，为营造温馨的用餐氛围，餐桌、餐椅、灯光、桌布等元素可以选择米色调进行调和，营造出的氛围轻松而温馨。

1

小家精心布置之处

1.餐厅一侧的空白墙面被打造成搁板，用来收纳一些书籍或饰品的同时，还可以化解墙面的单一感。

2.原木色餐桌与米色的餐椅是餐厅中不可或缺的暖色调，弱化了黑白两色的强烈对比，为现代风格的餐厅增添了无限暖意。

亮点 Bright points

布艺窗帘

窗帘的选色很符合现代风格居室的配色特点，厚重的布料遮光性更好。

2

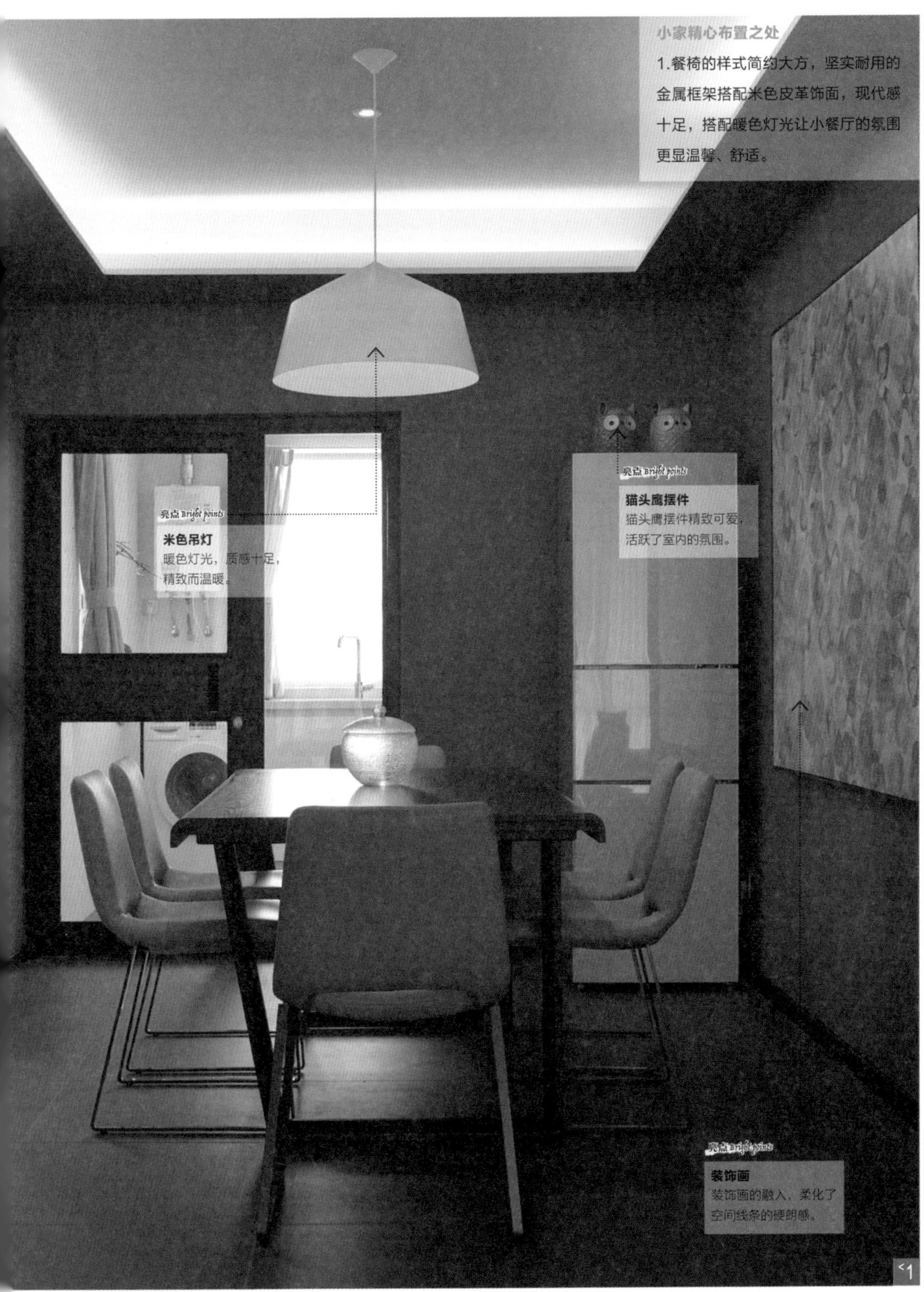
小家精心布置之处
1.餐椅的样式简约大方，坚实耐用的金属框架搭配米色皮革饰面，现代感十足，搭配暖色灯光让小餐厅的氛围更显温馨、舒适。
亮点 Bright points
米色吊灯
暖色灯光，质感十足，精致而温暖。
亮点 Bright points
猫头鹰摆件
猫头鹰摆件精致可爱，活跃了室内的氛围。
亮点 Bright points
装饰画
装饰画的融入，柔化了空间线条的硬朗感。
<1

棕色调的厚重感与亲和力

现代风格餐厅中的棕色调以浅棕色和茶色为主，不宜太深，以免在小空间内运用使人产生压抑之感。小餐厅中可以选择浅棕色或茶色的家具作为餐厅主角，营造出具有厚重感和亲和力的现代家居空间。

小家精心布置之处

1.背景大面积的棕色系原木低调又有亲和力，与餐桌、餐椅的搭配和谐度很高，干净整洁的空间看起来十分敞亮；棕色原木收纳柜外形简单利落，可以为空间提供更多的收纳空间。

亮点 Bright points

玻璃吊灯

简洁通透，使餐厅的光线更加明亮。

1

亮点 bright points
坐墩
坐墩可以随意挪动，用来辅助待客十分实用。
2

2.地面与顶面都使用了白色，为整体空间营造出一个整洁、明亮的背景环境，同时利用白色的包容，打造出一个更加和谐、舒适的整体空间。

3.餐桌的造型简单利落，通直的设计线条彰显着现代家居的简洁大气；餐椅的线条流畅圆润，选材也更加注重使用的舒适性，这正是迎合了现代家具注重功能性的理念。

3 现代 <风格

餐厅的材料应用

材质混用，打造现代居室的视觉焦点

不同立面墙展现不同视觉效果

黑色镜面，打造视觉焦点

素色石材，让小屋焕发美感

亮点 Bright points

无纺布壁纸

壁纸的质感柔和，高级灰色的色调呈现的视感更加时尚。

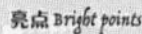

亮点 Bright points

装饰硬包

浅灰色色调的硬包，散发着温暖的气息，很适合用来装饰现代风格居室的墙面。

亮点 Bright points

实木餐桌

餐桌选择白色漆面，简洁大方，为小餐厅节省不少空间。

27

材质混用，打造现代居室的视觉焦点

<1

小家精心布置之处

1.餐厅延续了客厅简洁大方的设计原则，餐桌椅的颜色及造型选择也与客厅家具形成呼应，整体感更强，更显搭配的用心。

2.镜面装饰餐厅的侧墙，通过材质划分了功能空间，还使小餐厅变得更加宽敞、明亮。

3.餐具、花器、画品等一事一物都彰显了现代生活的精致格调。

亮点 Bright points
瓷器花瓶
组合摆放的花瓶，是餐桌上最惹眼的装饰。

<2

<3

不同立面墙展现不同视觉效果

<1

<2

现代风格餐厅的墙面很少循规蹈矩地按照传统风格的墙面进行设计，而是追求简约而极致的视觉表现力。除了运用装饰画来表现视觉张力外，还可以通过改变墙漆的颜色来呈现现代风格较强的表现力，利用不同立面墙呈现的不同视觉效果，再施以不同配色，这样能使整个空间变得鲜活起来。

小家精心布置之处

1.餐厅的两侧墙面分别运用了不同颜色的乳胶漆进行装饰，冷暖相宜，使整体氛围更舒适、温馨。

2.墙面的一部分被打造成可用于收纳的搁板，提升空间收纳效率的同时也使简约墙面的设计更加丰富；搁板的选材十分考究，棕色系的原木板材结实耐用，更是增添了空间的自然感。

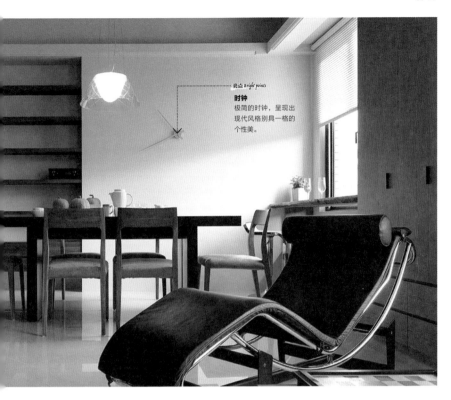

亮点 Bright points

时钟

极简的时钟，呈现出现代风格别具一格的个性美。

3.餐厅拥有良好的采光，再配以暖色的灯光，整体氛围显得更加温馨。

4.开放式的木搁板上可以用于日后收纳或陈列一些辅助餐具，代替餐边柜，让用餐更舒适方便。

黑色镜面，打造视觉焦点

黑色镜面是现代风格居室中最常用的装饰材料，可用于墙面和吊顶的设计中。小户型居室中，为避免大面积的黑色产生压迫感，可以选择局部使用，搭配石膏板或其他木饰面板，呈现的效果十分有层次感，轻松打造室内装饰焦点。

<2

亮点 Bright points

饰品摆件
边柜上不仅可以用来放置餐具，用来摆放一些小饰品点缀生活也是不错的做法。

亮点 Bright points

花艺摆件
小碎花与枝条编织的装饰球，体积虽小，却为餐厅带来不容忽视的自然气息。

<1

小家精心布置之处

1.黑色餐桌与浅灰色的餐椅，颜色对比明快中不失柔和之感，简洁大气的造型不失为餐厅中一道亮丽的风景线，提升了整体空间的美感。

2.马头装饰画有着积极向上的寓意，彰显了主人积极乐观的生活态度；餐厅与其他区域没有特地设立间隔，将餐桌依墙摆放，不仅使动线畅通，在视觉上也给人独立感。

亮点 Bright points

吊灯

吊灯的造型很富有科技感，现代感也十足。

3.黑镜与白色木饰面板打造的墙面，材质质感对比强烈，轻松成为室内最吸睛的装饰亮点。

30

素色石材，让小屋焕发美感

电子壁炉

简洁大气的现代电子壁炉，环保卫生，增添居室搭配的科技感。

小家精心布置之处

1.纹理清晰的大理石装饰背景墙，与白色橱柜、地面形成鲜明的对比，呈现了不一样的层次感与空间感，提升了整体空间选材的品质感。

2.吊灯是餐厅装饰的亮点之一，米白色的百褶布艺灯罩搭配金属框架，在保证用餐照明的同时，展现了空间装饰品高级的质感。

3.厨房中设立的中岛台，可以用作日常备餐也可以当作吧台，可在此喝茶、聊天和阅读。

亮点 Bright points

仿真标本

栩栩如生的仿真小鸟标本放置在透明的玻璃罐中，是展现个人爱好的一个亮点，自然科技感十足。

4.餐厅的灯光设计效果明亮，光线层次丰富，让用餐环境更加敞亮、明朗。

现代 < 风格

餐厅的家具配饰

直线条餐厅家具，让小屋简约利落

结合隐藏式收纳，规划餐厅与玄关

定制家具，给开放式空间带来宽阔感

富有创意感的配饰，打造出时尚的居家氛围

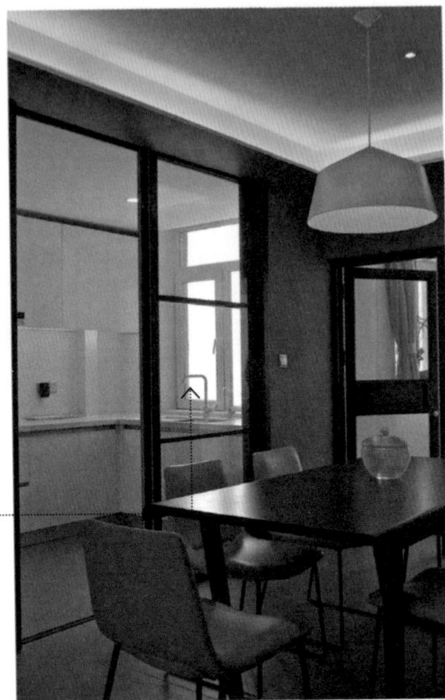

亮点 Bright points

玻璃推拉门

黑色边框的玻璃推拉门，更显利落，效果通透。

亮点 Bright points

装饰灰镜

吊顶局部采用灰镜作为装饰，层次更富，小范围的运用还不会产生压抑感。

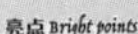

亮点 Bright points

白色人造大理石

白色人造大理石洁净透亮，与灰镜的组合运用，层次丰富，简约时尚。

亮点 Bright points

绣球花

绣球花没有刺鼻的味道，用来装点餐桌让用餐环境更舒适。

<1

<2

31 直线条餐厅家具，让小屋简约利落

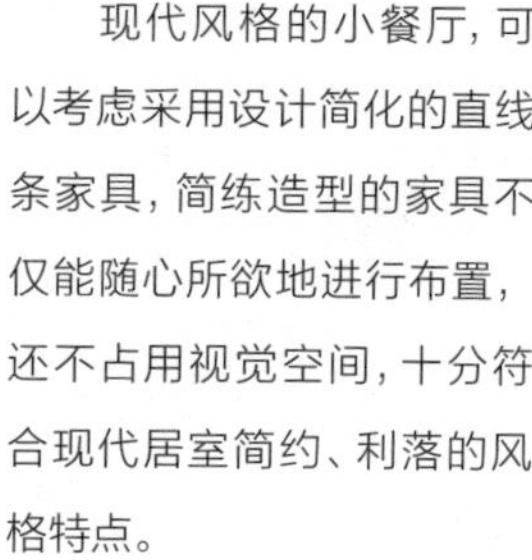

现代风格的小餐厅，可以考虑采用设计简化的直线条家具，简练造型的家具不仅能随心所欲地进行布置，还不占用视觉空间，十分符合现代居室简约、利落的风格特点。

<3

小家精心布置之处

1.光滑的大理石餐桌搭配柔软舒适的布艺餐椅，整体的设计造型简洁大方，家具的线条简化，在视觉上也使空间更宽阔。

2.精致的骨瓷餐具、蜡烛以及精美的插花，让家居生活尽显小资情调。

3.开放式搁板与封闭柜体的组合运用，让空间收纳更加合理、整洁度更高。

结合隐藏式收纳，规划餐厅与玄关

亮点 Bright points

装饰画

暖色调的装饰画更适合用来装饰餐厅墙面。

小家精心布置之处

1.餐厅与客厅之间通过墙面材质的变了区域的划分，巧妙的设计不会破坏空间的整体感与设计的延续性。

1

亮点 Bright points

鲜果

餐厅中一盘看似随意摆放的鲜果都可以成为不可或缺的装饰元素。

2.装饰画是餐厅墙面的唯一装饰，弱化了白墙的单调感。

2

亮点 Bright points

绿植

绿植放在厨房一角，既美化环境又净化空气。

亮点 Bright points

树叶状墙饰

造型精致的金属墙饰，为简洁的墙面增添了独特的立体感。

3.餐厅顶面局部运用了茶色镜面作为装饰，再利用灯光的衬托，空间层次更加丰富。

4.小吧台与餐桌的延伸式设计，突显设计感的同时更具实用性。

定制家具，给开放式空间带来宽阔感

布置规划小餐厅时，可以利用室内结构特点来量身定制餐厅家具，再拆除小空间内不必要的墙体，让整体空间的视线更有延伸性，是保证小空间拥有宽阔感的有效做法。

小家精心布置之处

1.空间整体以木色作为背景色，呈现出现代人所向往的自然、轻松、舒适的居室环境。

2.餐厅的整体结构简化，保证了开放式空间的整体感与舒适性，精致的餐具、精美的插花，从细节上体现了现代生活的精致品位。

亮点 Bright points
组合吊灯
组合吊灯线条感十足，展现现代风格居室灯饰的精致品位。
<3

3.量身定制的边柜拉齐了空间视线，整体感更强，收纳柜的外形简洁大方，底部的悬空式设计弱化了大体量柜体的沉重感。

4.吧台的设立既能完成厨房与餐厅之间的划分，还可以用作日常休闲读书的地方，给人舒适安逸的感受，强化了整体空间的功能。

富有创意感的配饰，打造出时尚的居家氛围

现代风格家具多元化的选材成就了多元化的设计，将几何元素融入家具设计中，是现代风格家具的一大特色。在布置小餐厅时，适当地运用一些造型个性、时尚的几何形态家具，既能提升小屋的装饰颜值，还可以展示出现代风格前卫的美感。

小家精心布置之处

1.利用材质的特点，结合餐椅的别致造型，增添了室内简洁、时尚的气质。

2.餐厅中灯饰造型也十分新颖别致，光线十分明亮，让用餐氛围更加舒适；墙面壁纸采用纹理简单的植绒壁纸作为装饰，与餐桌的颜色形成呼应，在彰显品位的同时，也让家居环境充满时尚感。

亮点 Bright points
球形吊灯
立体感十足的吊灯，光线更明亮。

亮点 bright points

边柜

白色压膜板边柜造型简单，可以用来收纳日常生活杂物。

3.餐边柜的造型简洁大方，白色饰面与餐椅形成呼应，依墙而立，不会影响室内动线的畅通，还使空间功能更加完善，提升用餐舒适度；白色墙面的装饰画组合排列，彰显了空间的优雅品质。

4.工艺品装饰画的颜色鲜亮明快，比传统画品更有立体感与时尚感，与餐桌上精致的餐具及插花搭配在一起，更加强化了餐厅空间的画面感与时尚感。

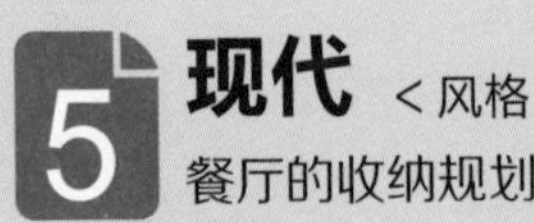

5 现代 < 风格
餐厅的收纳规划

嵌入墙体的收纳柜，使居室更整洁

整合式收纳，让小空间的储物空间更丰富

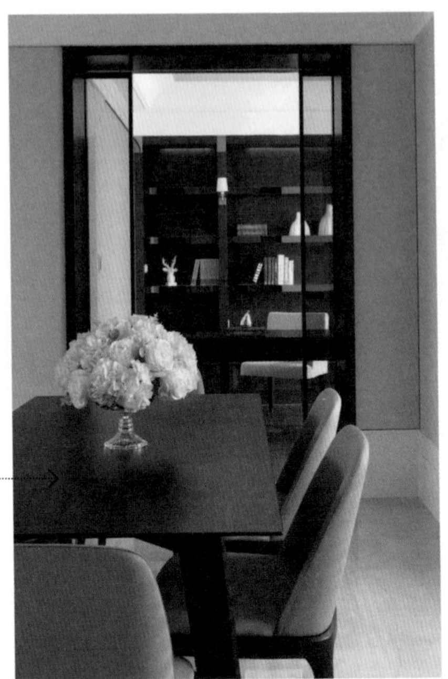

亮点 Bright points

版式餐桌

餐桌的造型简洁大方，经济实惠是板式家具的优势。

亮点 Bright points

灯带

顶面石膏板的错层式设计，经过灯带的修饰，更有层次感。

亮点 Bright points

中岛台

中岛台的设计，既能用来划分空间，又可以提供更多的收纳空间。

35

嵌入墙体的收纳柜，使居室更整洁

亮点 Bright points

马蹄莲

马蹄莲象征着高贵、纯洁，作为花艺装饰在餐桌上，展现如沐春风般的高雅气质。

<1

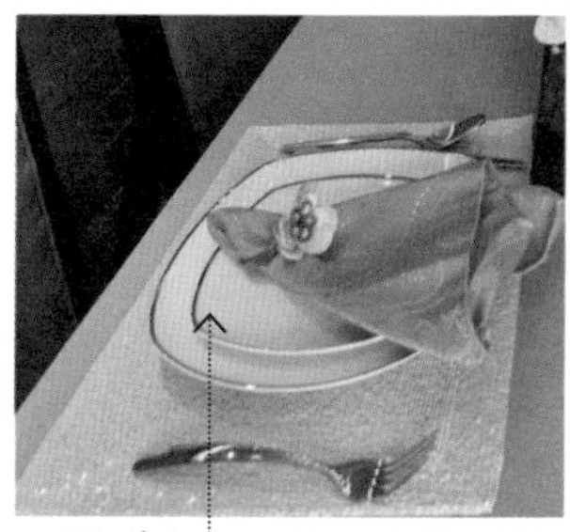

亮点 Bright points

骨瓷餐具

贵气的金色修边搭配通透的白色骨瓷，精致的餐具彰显了现代家居的不俗品位。

<2

小家精心布置之处

1.球形吊灯精致华丽，可以满足餐厅的照明需求；餐桌的造型简单，性价比很高，搭配精致的餐具与清爽的插花，华丽与简洁的完美结合，节省了装修的造价也没有放弃对美感的追求。

2.餐桌靠墙的一端用了定制的嵌入柜体，呼应了餐厅的浅木色主题，也丰富了室内的收纳空间。

将餐厅的收纳柜嵌入墙体，以形成完整的立面，这种设计不仅能释放空间整体的实用面积，还能解放餐桌，有效减少餐桌的覆盖率，轻松拥有一个整洁、干净的用餐空间。

亮点 Bright points
收纳边柜
收纳了一些书籍和杂物，让小餐厅日常也可以用作书房。
1

整合式收纳，让小空间的储物空间更丰富

整合式的收纳规划能够满足更多的收纳需求，将餐厅的一侧墙面做成整墙式的收纳柜，采用封闭柜体结合开放式搁板的设计，柜体的设计不宜太深，否则会增加小餐厅的局促感，日常拿取物品也不方便。

小家精心布置之处

1.餐厅采光良好，轻薄的白纱使氛围更温馨舒适，餐厅的面积虽然不大，却营造出美好、放松的用餐氛围。

2.餐厅与厨房之间运用深色玻璃推拉门作为间隔，不仅提升了色彩层次感，还使材质的搭配更丰富；餐桌上随意摆放的果盘成为不容忽视的点缀，美味又清爽。

3.白色收纳柜与黑色餐桌椅的颜色对比，简洁明快，另一侧墙面运用了暖色调的乳胶漆装饰墙面，搭配暖色灯光，整体氛围在简洁温馨中流露出朴实的美感。

4.餐桌的一侧墙面都规划成收纳柜，开放式搁板与封闭的柜体相结合，可以满足更多的收纳需求。

37
隔断收纳，灵活又能划分空间
亮点 Bright points
丰富空间的书籍
隔板上的藏书可以使空间的装饰更丰富，也更富有文化气息。
<1

小家精心布置之处

1.利用格栅与搁板的组合作为两个空间的划分间隔，格栅的层次丰富，效果通透，搁板可以提供一部分的收纳空间，一举两得。

2.将厨房的洗菜盆移至中岛台，为小厨房释放出更多空间。

3.深茶色的玻璃推拉门搭配棕红色的木饰面板，既满足现代空间的简洁与利落，还能为现代居室增添自然质朴的美感。

<3

第 3 章

卧 室

1 现代 < 风格
卧室的布局规划

利用结构特点，为小卧室添加实用功能

隔断的设立，保证空间的通透性

调整墙体结构，缓解小居室压迫感

亮点 Bright points

实木格栅
格栅实现了睡眠区与休闲区的独立，保证睡眠舒适度。

亮点 Bright points

钢化玻璃
磨砂钢化玻璃作为室内间隔，私密性与通透性兼顾。

亮点 Bright points

皮革软包床
皮革软包床体现出现代居室风格的时尚大气，柔软舒适，质感突出。

38

利用结构特点，为小卧室添加实用功能

亮点 Bright points

装饰鸟笼

仿真鸟笼鲜活而富有个性。

小家精心布置之处

1.卧室的一侧墙面运用定制家具弥补了室内的结构不足，同时还为小卧室规划出一个可以用于学习的安静角落。

亮点 Bright points

双重材质的组合

镜面与木饰面板的组合运用，层次丰富，增添了卧室的精致感。

2.灰色调的轻纱让卧室的阳光更加舒适，也提升了卧室的美感；暖色调的布艺床品，也更有利于睡眠，增加了室内的精致感。

39

隔断的设立，保证空间的通透性

隔断的设立不仅能保证小卧室的私密性，还能拉齐空间的视线，将不规则的小居室规划成易打理的方正格局，保证空间使用的舒适度。如开放式的空间中，可以选用玻璃推拉门来分隔客厅与卧室，利用玻璃的特点来维持空间的通透感。

<1

小家精心布置之处

1.钢化磨砂玻璃作为卧室与客厅之间的间隔，磨砂玻璃通透还带有一定的私密性。

2.卧室墙面采用硬包作为装饰，立体感十足，布艺饰面的颜色沉稳内敛，也突显了室内的时尚大气之美。

亮点 Bright points

香薰产品

有着安神功效的香薰产品，促进睡眠，增添生活情趣。

<2

亮点 Bright points

风景画

风景画可以为室内增容、变色，提升品位。

亮点 Bright points

白色硅藻泥

硅藻泥壁纸饰面很有立体感，白色漆面增添了室内的极简韵味。

小家精心布置之处

1.简洁的白墙与黑色格栅形成鲜明的对比，突显了隔断的层次感，整个空间以黑色、白色、灰色为主，时尚大气。

2.衣帽间与卧室之间的间隔线条感十足，简洁利落的设计同样应用于其他家具的设计造型，使整体搭配更有整体性。

10

调整墙体结构，缓解小居室压迫感

墙体结构的改变，可以缓解小空间的压迫感，还能保证卧室与其他空间的有效划分。如将卧室与书房的隔墙采用双面柜代替，这个柜体除了用来界定空间，也可以让两个房间的功能更完善。

小家精心布置之处

1.卧室与书房之间运用轻软的布帘代替隔墙，降低了装修的造价，也增加了空间的使用弹性。

2.卧室的采光良好，采用大面积的灰色来装饰墙面，视感很高级，家具的颜色与其形成呼应，突显搭配的用心。

<1

亮点 Bright points

绿植

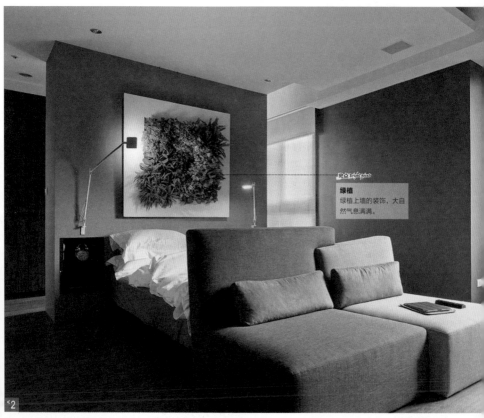

绿植上墙的装饰，大自然气息满满。

<2

亮点 Bright points

床尾沙发

床尾处摆放了深浅两种颜色的布艺沙发，立即让卧室拥有了休闲感，深浅颜色的对比也更和谐舒适。

3.绿色乳胶漆与绿植的运用，调和了灰色、白色、黑色三种颜色的现代感，让整个卧室的氛围得到舒缓，创造出一个充满自然气息的现代风格卧室。

<3

2 现代 < 风格
卧室的色彩搭配

多种色彩，营造童真世界

降低色彩纯度，营造浪漫氛围

棕色调装饰出现代居室的沉稳与大气

低饱和度的对比色，呈现丰富而柔和的现代美感

亮点 Bright points

肌理壁纸

壁纸的色彩十分柔和，营造出一个十分温馨舒适的睡眠空间。

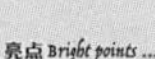

健康硅藻泥

硅藻泥装饰的墙面，健康环保，打造出舒适空间。

亮点 Bright points

定制收纳柜

柜子与床头相连，无缝衔接体现了空间设计的整体感，也更加节省空间。

41 多种色彩，营造童真世界

亮点 Bright points

安全头盔

鲜艳的头盔，也体现了孩子的童真。

1

2

把孩子的房间设计得五彩缤纷，不仅适合儿童的心理，而且鲜艳的色彩在其中会洋溢着希望与生机。可以根据儿童的性格和喜好来装修儿童房，这样更有助于塑造孩子健康心理的发展。

小家精心布置之处

1.一眼就能看见色彩鲜艳的手绘墙壁，丰富的色彩打造出一个童趣满满的有趣空间。

2.儿童房内收纳柜的造型充满童趣，别致的造型也可以激发孩子对收纳的喜爱，有助于对好习惯的培养。

亮点 Bright points

卡通图案抱枕

飞机元素在卧室中出现的频率很高，根据孩子的喜好布置房间，幸福感更浓。

42

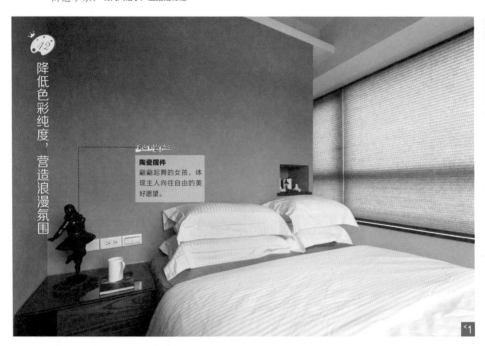

降低色彩纯度，营造浪漫氛围

亮点 Bright points

陶瓷摆件

翩翩起舞的女孩，体现主人向往自由的美好愿望。

<1

<2

亮点 Bright points

淡紫色遮光帘

遮光帘的选色与墙面面漆保持一致，透过温暖的阳光，呈现的美感更加精致。

小家精心布置之处

1.卧室的墙面没有复杂的设计与装饰，搭配淳朴的原木色家具和谐又有个性，淡紫色背景墙面下，任何颜色的点缀都十分美观，颜色搭配的比例也非常和谐。

2.卧室与其他空间的过渡十分和谐，摒弃间隔，弱化零碎感，整体更显宽敞、明亮。

亮点 Bright points

蝴蝶兰

高挑优美的花枝，为现代居室增添自然、明艳的美感。

<3

3.卧室背景墙采用淡淡的紫色进行装饰，非常具有浪漫气息，搭配白色床品，卧室瞬间变得简洁、舒适。

4.卧室与阳台相连的位置，做出一个晾衣架，满足日常晾衣需求。

亮点 Bright points

壁龛

厚重的墙面没有被浪费，打造成小壁龛可以用来放置水杯或其他日常杂物。

<4

亮点 Bright points

床品

在卧室中的色彩基本已经确定的情况下，床品是丰富色彩层次的最佳切入点。

棕色调装饰出现代居室的沉稳与大气

茶色、咖啡色以及浅棕色能够彰显出现代风格卧室柔和、朴素、自然之感。暗暖色的基调可以增添室内色彩的厚重感，再加入白色以调和，空间安逸祥和的氛围会更加浓郁，是一种十分大气和舒适的配色方式。

亮点 Bright points

复古台灯

台灯的样式带有一份欧式古典美感，十分精致。

小家精心布置之处

1.卧室床头墙两侧采用对称的木饰面板作为装饰，温暖舒适，棕色调的木饰面板更显大气与沉稳，暗暖色的色调也让卧室的氛围更舒适温暖。

2.卧室衣柜底部设计成悬空式，让大面积的衣柜看起来不显笨重；右侧选择以单一的白墙进行呈现，缓解了大量棕色的沉闷，氛围更洁净。

3.卧室采用暖色灯光调和空间色调，米白色的落地灯简单大气，作为辅助照明美观度与实用度兼备。

亮点 Bright points
装饰画
用一幅画来装饰白墙，提升趣味与现代感。

44

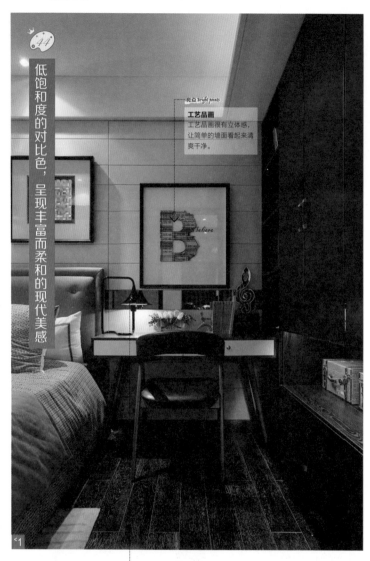

低饱和度的对比色，呈现丰富而柔和的现代美感

亮点 Bright points

工艺品画

工艺品画很有立体感，让简单的墙面看起来清爽干净。

<1

<2

台灯

黑色铁艺台灯，造型十分别致，明亮的灯光保证了睡前阅读可拥有充足的光线。

小家精心布置之处

1.床头的一侧放置了造型简单的书桌和椅子，为小卧室打造出一个可以用于学习的空间，强化了卧室的使用功能。

2.为了保证卧室有足够的收纳空间，整墙打造的收纳柜，既能用来随手放置一些物品还可收纳衣物。

3.蓝色软包床与黄色抱枕，两种颜色饱和度较低，形成的对比柔和、舒适许多，整体看起来更加美观。

<3

亮点 Bright points

插花
鲜艳精美的插花，展现出人们对生活的热爱与追求。

用对比配色法装饰现代风格卧室，可以适当降低对比色的饱和度，因为低饱和度的对比色可以削弱视觉的冲击感，更适合在卧室中使用。例如，低饱和度的蓝色与低饱和度的黄色相配，这样的配色效果丰富而柔和，还不乏现代风格的明快感，在视觉上更加平衡，使卧室整体呈现的氛围也更安逸、舒适。

3 现代 < 风格 卧室的材料应用

裸砖为现代居室带来质朴、原始的美感

保证空间私密性的立体软包

高性价比的墙贴，增添室内美感

利用石膏板的可塑性，强化卧室的立体线条

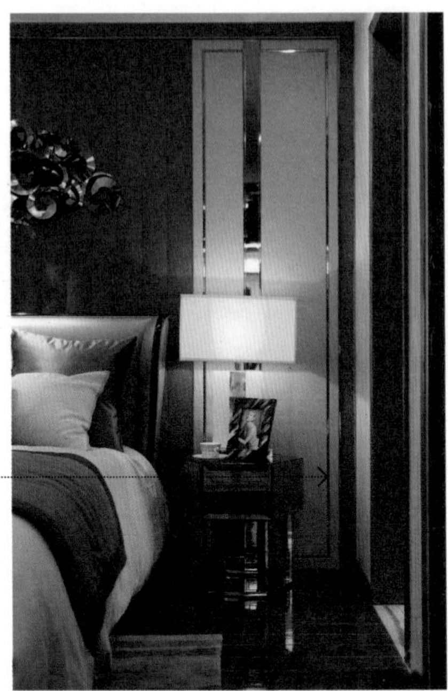

亮点 Bright points

茶镜线条

茶镜线条的勾勒，让墙面呈现的视觉效果更加简洁、利落。

亮点 Bright points

密度板

密度板刷白处理，让卧室呈现的视觉效果更整洁，搭配金属线条，是卧室中设计的一个亮点。

亮点 Bright points

复合木地板

地板采用复合木地板，其清晰的纹理散发着自然的气息。

裸砖为现代居室带来质朴、原始的美感

亮点 Bright points

床品

布艺床品的颜色清爽，提升色彩氛围的舒适性与美感。

<1

<2

小家精心布置之处

1.卧室的背景墙采用极简式设计，不设任何装饰，素色墙面搭配白色裸砖，让空间的视野更加开阔。

亮点 Bright points

白色裸砖

工艺品画很有立体感，让简单的墙面看起来清爽干净。

2.卧室的左侧整墙规划成柜子，一部分用于收纳衣物，一部分用来收纳饰品及书籍。

16

保证空间私密性的立体软包

亮点 Bright points

铜质落地灯

全铜材质，质感突出，明亮的光线增加休闲角的亮度。

亮点 Bright points

床尾收纳箱

巧妙的设计，简单大方，用于收纳日常小件衣物是个不错的选择。

亮点 Bright points

台灯

金属底座搭配奶白色布艺灯罩，光线柔和，造型简单大气。

软包材料质地柔软，能够柔化空间氛围，纵深的立体感能提升居室的美感，除此之外，还有吸声、防潮、抗菌、防静电、防撞的功能。现代风格卧室中的软包造型可以选择矩形、三角形、菱形等简洁大方的图案，以彰显现代风格居室简洁利落的美感。

小家精心布置之处

1.卧室的采光良好，定制的家具也让室内呈现的效果更加整齐，定制家具让卧室的整体搭配更加统一、精致。

2.主卧与浴室之间运用拉丝钢化玻璃作为间隔，黑色边框的搭配更显利落，朦胧的视线增加浴室的私密性。

亮点 Bright points
床头灯
床头灯简洁明亮，为睡前阅读提供充足、舒适的照明。

小家精心布置之处

1.布艺软包作为卧室主题墙的装饰，功能性与装饰性兼备；高级灰色的配色彰显了现代居室的时尚感，一并提升了卧室的舒适度。

2.卧室的配置很简单，左右对称摆放的床头柜，满足日常需求，增添室内美感；采用银色金属线条衬托软包，立体感也更加突显，环保的选材也更有利于健康。

17
高性价比的墙贴，增添室内美感
亮点 Bright points
彩色抱枕
抱枕的颜色雅致，面料精致，点缀出更加舒适美观的睡眠空间。
<1

墙贴的图案十分多样，个性化很强，可以根据自己的喜好与需求随心定制，是一种自己就可以轻松获取的装饰元素，简洁方便，装饰效果也非常直观，是打造现代风格居室个性与美感的新宠。

小家精心布置之处

1.窗前设计成书桌，造型简单的抽屉可以提供部分收纳空间，强化室内功能，也方便读书或工作。

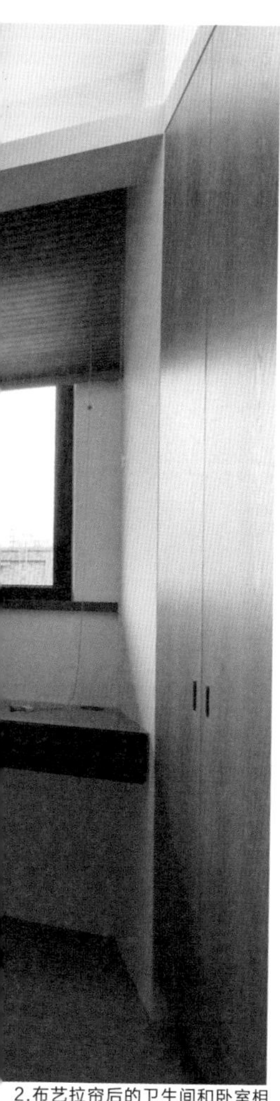

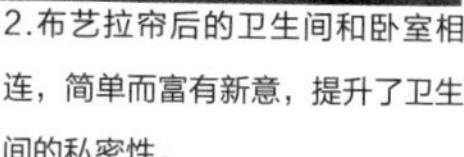

2.布艺拉帘后的卫生间和卧室相连，简单而富有新意，提升了卫生间的私密性。

亮点 Bright points
小鸟摆件
可爱的木作小鸟摆件，小巧精致，增添了家居幸福感。

3.淡淡的黄色墙漆，营造出卧室温馨舒适的氛围，墙贴的装饰效果突出，个性鲜明，而且性价比较高。

利用石膏板的可塑性，强化卧室的立体线条

小家精心布置之处

1.卧室床头墙的设计非常有趣，简洁的石膏板线条感十足，让墙面设计利落而富有层次。

2.床尾处整面墙的通顶衣柜能够满足一家人的衣物收纳需求，靠窗的位置特地留出一部分设立了梳妆台，方便日常化妆，小抽屉也可以用来收纳一些化妆用品。

亮点 Bright points
梳妆镜
梳妆镜的可关闭
计，避免镜面与床
相对。

小家精心布置之处

1.墙面石膏板的通顶设计，体现了墙面与顶面设计的整体性，黑色压膜板与白色石膏板的组合运用，色彩对比明快，造型简洁大方，彰显出现代风格干净又利落的装饰理念。

2.书桌的设立将房间的利用最大化，是对卧室功能的拓展，根据结构特点打造的书桌、书柜，既不占用空间又能灵活实用。

亮点 Bright points

搁板

造型简单的搁板，为小空间提供了更多的收纳空间。

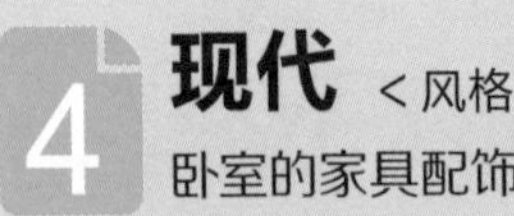

4 现代 < 风格
卧室的家具配饰

改变衣柜材质，缓解小卧室的压迫感

高颜值的卷帘，让室内光线更加舒适

简单素雅的布艺元素，打造简洁大方的现代居室

家具与户型结构的结合，为小卧室增添实用功能

亮点 Bright points

布艺软包

绒布作为软包的表面材料，极富质感，高级灰色的色调也更显高级。

亮点 Bright points

白色乳胶漆

白墙十分百搭，让小卧室显得简洁、大方。

亮点 Bright points

装饰镜面

利用镜面代替衣柜的传统木质门板，可以增添小卧室的扩张感，还能用作穿衣镜。

19

改变衣柜材质，缓解小卧室的压迫感

亮点 Bright points

插花

清淡幽香的黄色梅花，点缀空间氛围，提升搭配美感。

现代风格居室内采用茶色玻璃、浅灰色玻璃、黑色玻璃以及磨砂玻璃等半通透的材质来代替传统的木质柜门，能够增强现代居室的时尚感与洁净感。玻璃光滑的质感能让小卧室看起来更加宽敞、明亮。

小家精心布置之处

1.小卧室的一侧墙面都打造成衣柜，用于收纳衣物，通过调整柜门材质，弱化大衣柜的压迫感；清晰的木质纹理为现代居室增添自然感，洁净的玻璃则使空间更显宽敞、通透。

2.床头墙采用木饰面板作为装饰，将靠窗的一侧设计成了搁板，可以用来放置一些日常用品，白色石膏板与其形成鲜明的对比。灯带的修饰也更显层次感与时尚感。

高颜值的卷帘，让室内光线更加舒适

小家精心布置

1.为增添室内的收纳空间，窗前设计了卡座，既能用于收纳又能用于日常休闲；床的左侧定制了书桌与书柜，更是将房间内的空间使用发挥到极致。

亮点 Bright points

长臂灯

在床头安装一盏长臂灯，灵活的灯臂，明亮的光线，能够满足睡前阅读需求。

<1

<2

2.卧室的采光过剩，通过卷帘进行调节，可以根据实际需求选择收放卷帘，保证室内充足且舒适的光线。

<3

亮点 Bright points

粉色蜂巢帘

蜂巢帘透光性好，淡淡的粉色透过温暖的阳光，让小卧室的氛围更显柔和、浪漫。

<4

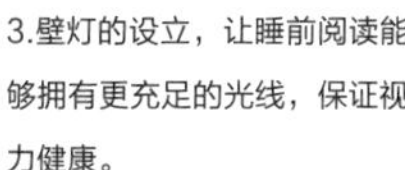

3.壁灯的设立，让睡前阅读能够拥有更充足的光线，保证视力健康。

4.床尾处的墙面搭配了通顶的衣柜，白色压膜板打造的柜门整洁、干净，减少压迫感。

简单素雅的布艺元素，打造简洁大方的现代居室

现代风格卧室中床品、窗帘、地毯等布艺元素多以简洁、素雅的浅色为主；花纹图样也不宜过于烦琐厚重，可以选择一些简单大方的线条或简化的花卉图案；也可以选择没有任何图案的纯色布艺，这样更能突出现代家居简约、时尚的特点。

1.卧室的背景墙采用了原木饰面板与黑色收边条的组合，呈现出不一样的空间质感，让卧室的设计更有层次感。

亮点 Bright points

书桌

利用结构特点定制的书桌，可以满足日常读书的需求。

亮点 Bright points

嵌入式搁板

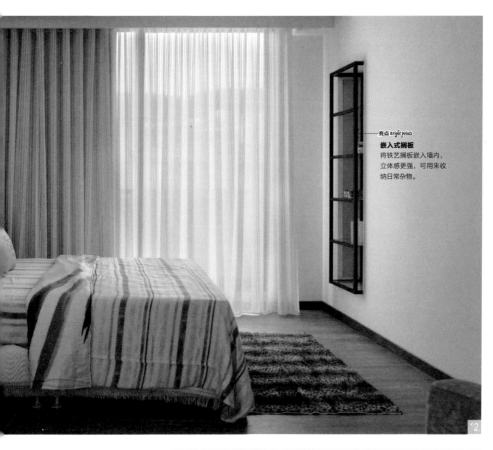

将铁艺搁板嵌入墙内，立体感更强，可用来收纳日常杂物。

2

2.软包床的颜色清爽明快，简单大方的造型提升了卧室家具搭配的美感；条纹布艺床品颜色层次丰富，素雅的色彩使卧室氛围更加舒适。

3.衣帽间与卧室相连，不设任何间隔，大型衣柜整体选择白色，不会产生视觉上的压迫感；空间内设立了两个书桌，大大拓展了室内的功能，可以满足两人同时学习或工作。

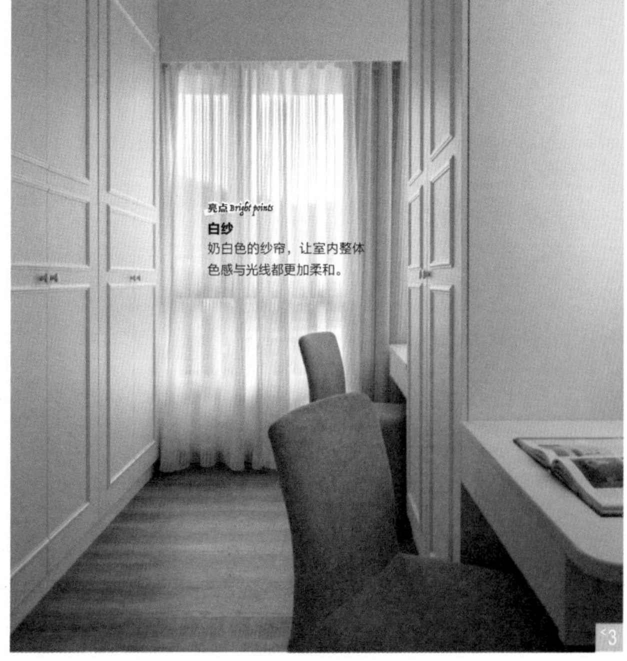

亮点 Bright points

白纱

奶白色的纱帘，让室内整体色感与光线都更加柔和。

3

亮点 Bright points

椅子
椅子不仅有功能性还有提升色彩层次的作用。

1

家具与户型结构的结合，为小卧室增添实用功能

小家精心布置之处

1.卧室利用结构特点，在入门处设立的衣柜和书桌，充分利用了房间的狭长布局，完善并提升了室内功能。

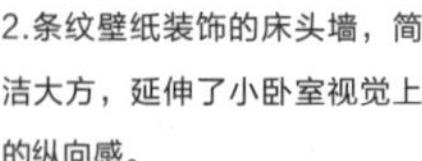

2.条纹壁纸装饰的床头墙，简洁大方，延伸了小卧室视觉上的纵向感。

2

3.大体量的衣柜选用白色，既美观又实用，可以为更多的衣物提供收纳空间，白色的饰面也降低其存在感，衬托出木地板的质朴与温润之感。

<3

<4

4.床头柜的设计一直延伸到书桌，简洁的造型配以白色压膜板，利落且极富线条感；椅子的颜色是室内比较亮眼的点缀，蓝白组合，更显清爽、明快。

5 现代 <风格

卧室的收纳规划

隐藏在床下的收纳功能

在空白墙面，打造实用收纳区域

结合卧室结构，规划实用收纳

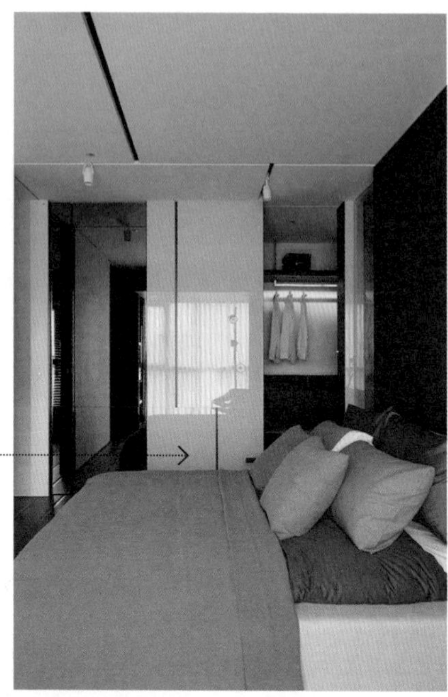

亮点 Bright points

白色衣柜

衣柜的门板选择白色烤漆饰面，时尚感十足，简洁光滑的饰面也更易清洁维护。

亮点 Bright points

书柜

根据户型结构特点定制的书柜，用来摆放藏书或是一些饰品都能为卧室增添不一样的美感。

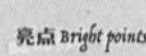

亮点 Bright points

纯棉床品

床品的颜色能够直接影响睡眠质量，柔和的色调更加有助于睡眠。

53

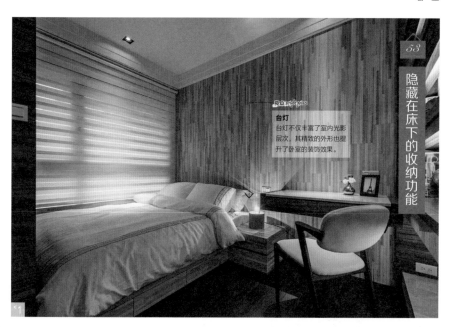

隐藏在床下的收纳功能

亮点 Bright points

台灯

台灯不仅丰富了室内光影层次，其精致的外形也提升了卧室的装饰效果。

1

3

小家精心布置之处

1.床头墙是室内设计的亮点，选择了以地板作为装饰，纹理清晰，极富质感。

2.开放式的层板既有收纳功能又可以用来展现藏品，与小书桌的完美搭配强化了居室的使用功能。

3.衣柜选择推拉门，在狭窄的空间内拿放物品更加方便。

54 在空白墙面，打造实用收纳区域

卧室中的空白墙面不想浪费，可以制作成用于收纳或装饰的开放性储物格，收纳及陈列一些自己喜爱的小物件、书籍及装饰品，在避免了空间浪费的同时又能美化居室环境，提升生活趣味性。

小家精心布置之处

1.卧室的墙面规划了大量的收纳空间，高低错落的置物架，上面可以摆放一些装饰品和书籍，最大的优点是可以根据喜好更换饰品，使卧室可以经常保持新鲜感。

2.双重材质的组合运用，提升了柜体的颜值，深浅搭配也增添了室内配色的层次感。

亮点 Bright points

增添幸福感的饰品

在开放的搁板上摆放一些精致饰品，是增添生活幸福感的妙招。

亮点 Bright points

插花

现代插花搭配得简洁大方，既能陶冶情操又可以美化环境。

小家精心布置之处

1.硬包与镜面组合装饰的卧室墙，层次更丰富，非常富有时尚感；宽大的飘窗让卧室拥有良好的采光，提升休闲感与舒适性。

亮点 Bright points

创意壁灯

大小不一的矩形壁灯，增添了卧室的科技感，丰富的光影层次提升卧室装饰的颜值。

2.衣帽间选用玻璃推拉门作为间隔，简洁通透，缓解小空间的闭塞感。

55

结合卧室结构，规划实用收纳

亮点 Bright points

陶瓷饰品

精美的陶瓷饰品，是增添室内趣味性的关键元素。

<1

<2

小家精心布置之处

1.依照结构特点量身定制了书桌、书柜、衣橱，整面墙的衣柜可以收纳大量衣物，非常实用；书柜可以用来存放书籍，被设立在书桌上方，非常节省空间。床头主题墙采用浅灰色的软包作为装饰，简单利落，大大增添了小卧室的时尚感。

亮点 Bright points

色彩丰富的工艺品

饰品摆件的颜色十分丰富，大大提升了空间色彩搭配的层次感。

2.开放式的搁板与封闭的柜体，组成了卧室的收纳系统，悬空的柜体在视觉上更有轻盈感，开放式的搁板则增添了设计层次，让家居装饰更加丰富。

第 4 章

书 房

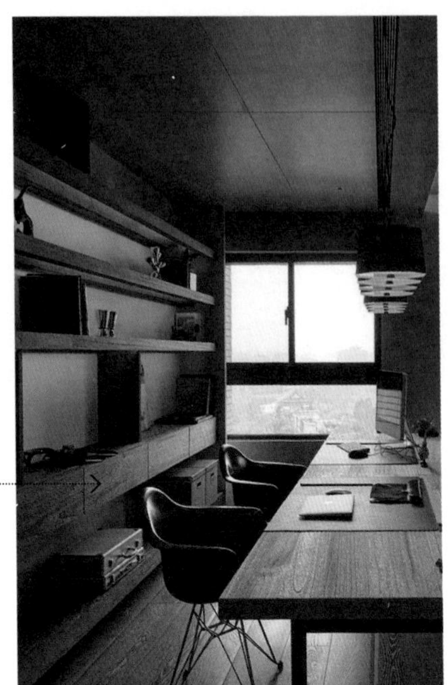

1 现代 < 风格

书房的布局规划

整合墙面，增添房间使用弹性

拆除实墙，保证小空间的开阔性

利用玻璃推拉门，微调空间布局

亮点 Bright points

嵌入式书柜

嵌入式书柜将书房规划成一字形，收纳功能强大，且节省书房的使用面积。

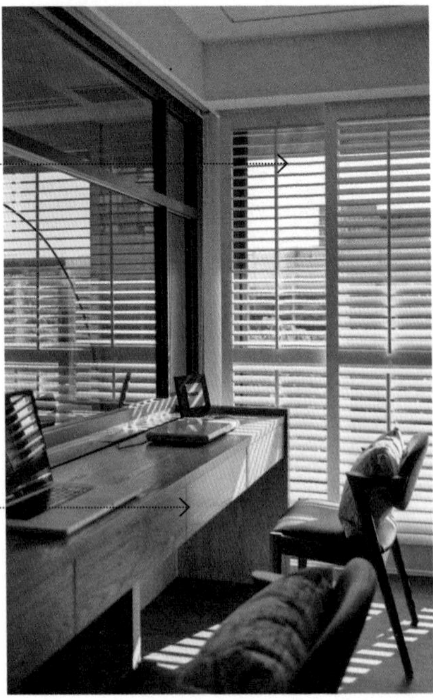

亮点 Bright points

刷白百叶

百叶窗可以过滤室内强光，刷白处理的百叶更显整洁、干净。

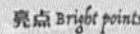

亮点 Bright points

板式家具

拆卸和安装都十分方便的书桌，不占视线，是板式家具的最大优点。

56 整合墙面，增添房间使用弹性

亮点 Bright points

玩偶

木质玩偶，经典时尚。

通过对留白墙面的整合，能够提升房间的使用弹性，营造一间既可以作为来访客人暂住的房间又可以作为用于工作与学习的一间独立小书房。日后有幼儿需要独立卧室时，还能变身儿童房，这是一种性价比很高的规划方案。

小家精心布置之处

1.卧室背景墙用了极简样式，使空间视野更加开阔；左侧墙面做了两层搁板用来收纳一些书籍和饰品，展示了主人的品位也满足了收纳需求。造型简单的书桌不会占据太多空间，还可以满足基本使用需求。

2.白色边框的玻璃推拉门将阳台与卧室完美划分，金属防护栏提高室内安全性。

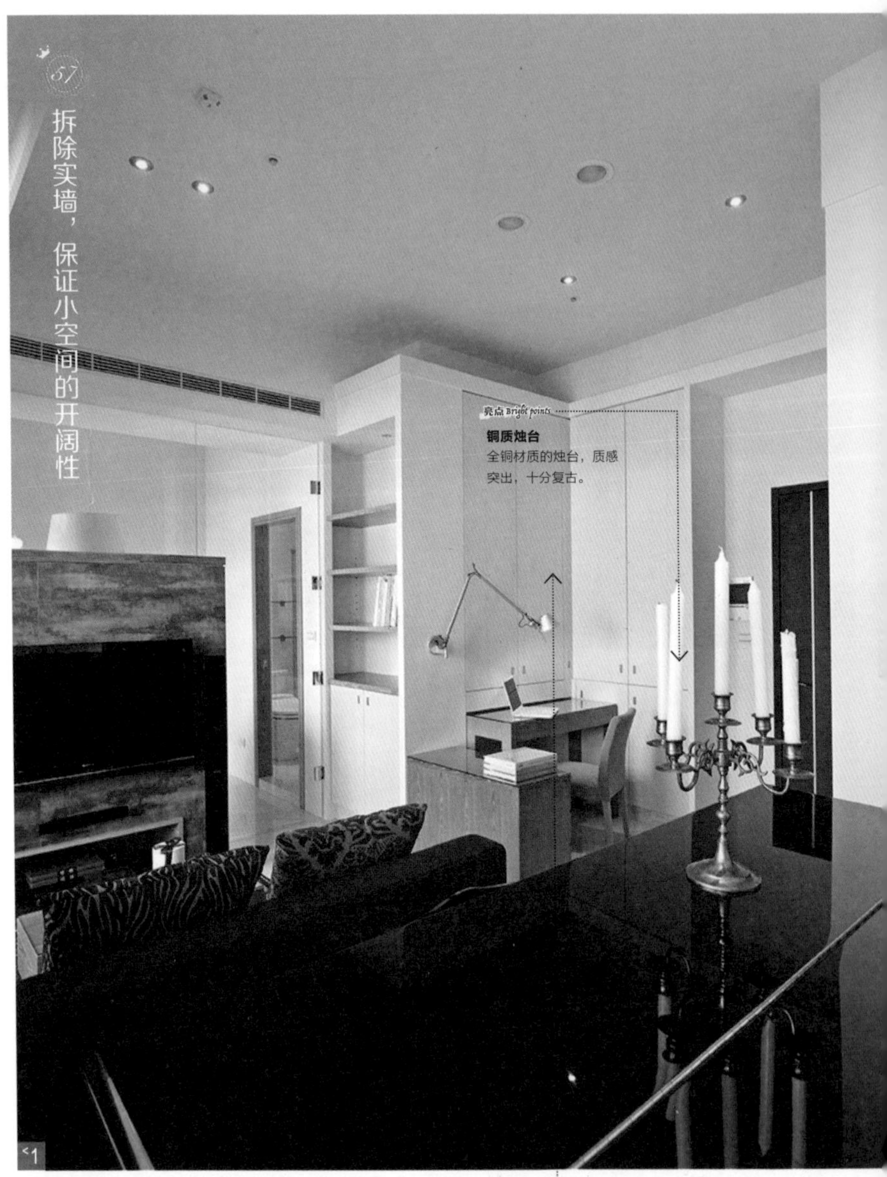

57
拆除实墙，保证小空间的开阔性
亮点 Bright points
铜质烛台
全铜材质的烛台，质感突出，十分复古。
1

亮点 Bright points

平开式收纳柜

书桌上方设立收纳柜，用来收纳书籍和学习用品。

小家精心布置之处

1.书房被设立在客厅的一角，定制的家具强化了客厅的功能，整合出一个功能齐全的书房，利用白色搭配简洁利落的线形门板，创造出毫无违和感、毫无压迫感的整体设计。

亮点 Bright points

长臂灯

长臂灯使用灵活，可以用于书房也可以用于客厅。

<2

2.客厅与书房的布局采用双一字形，一左一右，巧妙的规划实现了两个区域的独立性，一深一浅的色彩搭配十分和谐。

3.书桌的左侧定制了矮柜，能够提供一部分收纳空间，且对空间也进行了分隔；浅灰色柜体与书桌颜色保持一致，更突显出通顶白色柜体的轻盈感。

<3

58

利用玻璃推拉门，微调空间布局

微调空间布局，不影响室内采光，可以利用铁件与玻璃来代替书房原始隔墙。将隔墙改为推拉门，能够大幅度提升空间的明亮度，兼顾两个空间的通透性。推拉门的材质可以选择镜面或玻璃，此类材质有反光作用，能够缓解小空间的压迫感，而且方便清洗，易维护，性价比高。

小家精心布置之处

1.椭圆形的书桌很有个性，可以活跃室内的装饰情调，用精心挑选的家具展现现代家居别具一格的品位。

2.利用灰色钢化玻璃将书房与客厅分隔开，为阅读打造一个安静空间，深灰色钢化玻璃也呈现出现代风格的高级视感。

亮点 Bright points

百褶落地灯

百褶灯外形别致，且乳白色灯罩也让光线更柔和舒适。

亮点 Bright points
丝质抱枕
抱枕的颜色亮丽，丰富了书房的色彩层次。

3.书桌旁的深色搁板造型简单，用来摆放一些书籍及工艺品，既强化了空间的收纳功能，又提升室内装饰颜值。

亮点 Bright points

文具饰品

既是文具也是饰品，让工作与学习更有趣味性。

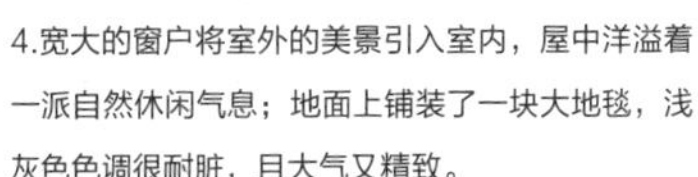

4.宽大的窗户将室外的美景引入室内，屋中洋溢着一派自然休闲气息；地面上铺装了一块大地毯，浅灰色色调很耐脏，且大气又精致。

2 现代 < 风格

书房的色彩搭配

巧用冷色，营造简洁明快的书房空间

灰色+黑色+木色，简约低调不失温度的现代配色

留白处理，突出主题色的魅力

亮点 Bright points

原木色书桌

原木色的木质书桌，细腻清晰的纹理，为现代风格书房增添了无限的自然美感与韵味。

亮点 Bright points

白色收纳柜

整墙规划的收纳柜，选择以白色为主色，让小书房看起来更加整洁、敞亮。

亮点 Bright points

淡绿色磨砂玻璃

磨砂玻璃选择淡淡的绿色，让书房的整体色彩氛围更显清爽、自然。

59 巧用冷色，营造简洁明快的书房空间

亮点 Bright points

沙漏

玻璃沙漏外形精巧细致，增添室内趣味。

亮点 Bright points

高弹海绵床垫

飘窗榻榻米用木饰面板和海绵垫代替了传统的蔺草，舒适度更好。

<1

<2

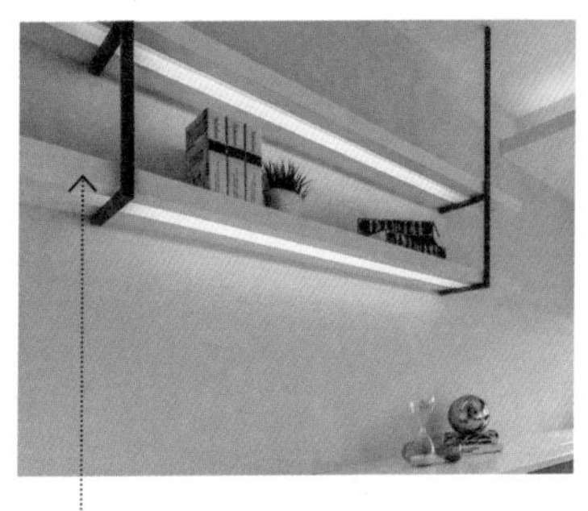

亮点 Bright points

吊板式书架

金属与木作结合的书架，精致的白色压膜板，品质好，细腻精致。

高明度、低饱和度的冷色能够营造出清爽、自然、明亮的空间氛围，比较适合小空间的居室配色使用。如在现代风格书房中，座椅、抱枕、地毯等选择绿色系或蓝色系，使用面积不用太大，就能表现出很强的存在感，是渲染空间、活跃氛围的一个妙招。

小家精心布置之处

1.书房整体采用定制家具，整体感很强，慵懒的榻榻米可以让人完全释放压力，良好的采光和无主灯设计，让书房更加通透。

2.书房的入门处设立的收纳柜，不会对室内动线产生不良影响，简洁、利落却不乏设计感，双色材质更具美感。

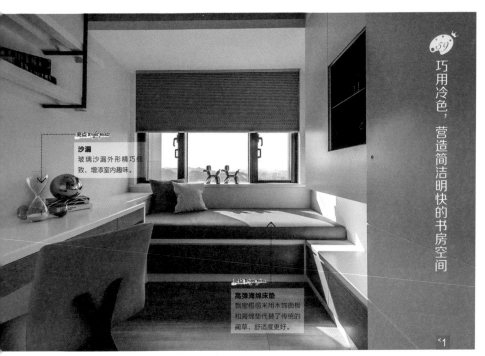

60

灰色+黑色+木色，简约低调不失温度的现代配色

亮点 Bright points

绢花

书桌上摆放了清爽秀丽的永生花，美化环境，经济实惠。

小家精心布置之处

1.成品书桌选择黑色，光滑的烤漆饰面搭配简单的造型，展现出现代家具的精致与高级感；书桌上摆放的一抹绿色插花，是黑色、灰色色调空间内不可或缺的一点装饰，让现代居室也能自然气息满满。

1

2.书柜与榻榻米的量身定制，为小书房节省了不少空间，“W”造型的墙面搁板，既可以用来放置一些装饰品，美化空间，且搁板本身也是不容忽视的装饰亮点。

2

3.浅茶色钢化玻璃搭配棕色木质框架的玻璃隔断，实现了餐厅与书房的分隔，半通透的视感也更显高级。

亮点 Bright points

落地灯

淡淡的豆沙色布艺灯罩搭配白色灯光，光影效果明亮而不乏柔美感，更衬托出了浅茶色玻璃高级的质感。

4.靠窗处设立的榻榻米，不但缓解了书房的狭长感，还为居室生活提供了更多的收纳储物空间；良好的采光与榻榻米的搭配，更是营造出一个十分安逸、舒适的休闲空间，不止如此，榻榻米还可由书房化身为客厅，随时可以用来留宿亲友。

亮点 Bright points

条纹饰面座椅

黑白条纹色彩对比强烈，活跃了整个书房的氛围。

<1

留白处理，突出主题色的魅力

现代风格的书房中，主题色大多会选用低明度的色彩，如茶色、木色、灰色等，他们给人带来安逸的视感，在背景色的选择上可以考虑适当的留白处理，一来白色可以与任何颜色产生对比，从而增添空间活力；二来可以让视线更容易凝聚在深色调上，突出主题色。

小家精心布置之处

1.书房的家具配置十分简单，简单的书桌搭配两张椅子，满足基本需求，使书房看起来更显宽敞、明亮；宽大的窗户让书房的采光非常充足，阳光透过浅咖色的纱帘，更加柔和，与室内原木色的地板、浅卡色的收纳柜融合到一起，展现出淳朴自然的基调且不失现代风格的时尚感。

亮点 Bright points
落地灯
树干造型的落地灯，新颖别致，增添室内时尚气质。

2.钢琴两侧定制了开放式的收纳格子，弱化了白墙的单调感，一些精致的饰品被白色柜体衬托得格外显眼。

3.玻璃推拉门用作书房间隔，深色框架搭配通透的玻璃，线条感十足；门口摆放着树状支架的落地灯，彰显出现代家居别具一格的美感。

3 现代 < 风格
书房的材料应用

为室内增温的木地板

通过设计与软装材质营造空间层次

卷帘搭配玻璃，透光不透明

亮点 Bright points

强化复合木地板

阳台改装的书房，其地面采用的强化地板比实木地板性能更好，美观度和性价比都很高。

亮点 Bright points

平面石膏板吊顶

顶面不做任何复杂造型，采用简单的石膏板作为装饰，简洁大方。

亮点 Bright points

木质踢脚线

木踢脚线刷白处理后，与白色墙面契合度更高，简洁且富有层次感。

仿真绿植

细小可爱的绿植，虽为仿真材质但却有着不容忽视的自然气息。

为室内增温的木地板

木地板是日常生活中随处可见的装饰材料，适用于任何一种居室风格。小户型的书房中，地板的颜色宜浅不宜深，地板的颜色太深容易让小空间显得沉闷而压抑。浅浅的木色未经任何雕琢与修饰，就能为现代居室增添美感与温度感。

小家精心布置之处

1.鱼骨拼贴的原木地板，看起来更有层次感，质朴的原木材质也为以黑色、白色为基调的书房增添了一份难得的暖意。

2.条纹布艺元素的运用有效地增添了室内的活跃感。

63

通过设计与软装材质营造空间层次

1

亮点 Bright points

布艺收纳袋

可以用来收纳一些零碎小物品，拿取方便，整洁度高。

亮点 Bright points
干枝梅花
仿真梅花带有一份中式插花的唯美。
2

小家精心布置之处

1.将整面墙都做成可用于收纳的柜子，黑色压膜板让柜体更具有线条感与利落感，在白色灯带的衬托下层次更加分明。

2.绿色床垫让室内的配色看起来非常舒适，也为这个以黑色、白色、灰色三色为主色调的空间带来了无限活力，抱枕、插花上点缀的茶色，更是增添了时尚感。

3.木质格栅被用作书房与客厅的间隔，简约大气的线条，将现代居室的硬朗与沉稳表现得淋漓尽致；半通透材质的搭配也缓解了大面积黑色产生的压抑感。

4.深茶色暖帘搭配白色纱帘，让室内的光线更加舒适。

卷帘搭配玻璃，透光不透明

拥有独立的书房是小户型居室梦寐以求的愿望，为了能将小空间的使用面积最大化地利用，达到满足更多功能需求的目的，将书房与卧室合二为一或是将阳台打造成书房，无疑是最为经济合理的做法。通常来讲，阳台改造的书房都会面临一个采光过盛的困境，在大面积的窗户上安装折叠卷帘，就可以随时调整室内光线，而且平时收起来也不会占用空间，灵活实用。

小家精心布置之处

1.落地灯的造型非常简单，浅卡色的纸质灯罩让灯光呈现的视感柔和、明亮，更有利于视力健康。

2.大面积的收纳柜是书房装饰的亮点，也是小居室中十分难得的家居布局，不仅可以用来收纳书籍，还可以将闲置的物品存放其中。

1

2

亮点 Bright points

收纳盒子

书柜上不仅可以用来存放书籍和工艺品，也可以用收纳盒存放一些喜爱的小物品。

3.书房整体以棕色调为主，榻榻米坐垫及抱枕的颜色提升了室内配色的层次感，明快温馨的氛围显得尤为难得。

4.运用通透的玻璃搭配黑色金属边框组成的推拉门将书房与客厅完美划分，竹制卷帘保证了书房的私密性，天然的选材也为现代居室带来淳朴、自然的美感。

亮点 Bright points

地球仪

地球仪的造型十分复古，不仅是学习工具也是一件不错的装饰品。

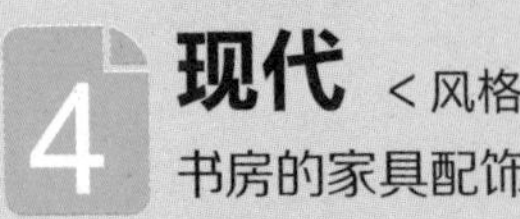

4 现代 < 风格

书房的家具配饰

书桌与自然光的搭配，打造舒适空间

布艺色彩参照家具，营造舒适和谐的空间氛围

创意书柜，让收纳成为小书房的主题

亮点 Bright points

全铜台灯

全铜质的台灯，质感突出，将复古元素融入现代生活中，极富趣味性。

亮点 Bright points

瓷器

外形简单的小瓷瓶，一红一绿，提升了室内色彩的层次感。

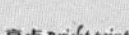

亮点 Bright points

卡座

卡座用在书房中，弥补了结构缺陷，增添了室内的休闲功能。

65

书桌与自然光的搭配，打造舒适空间

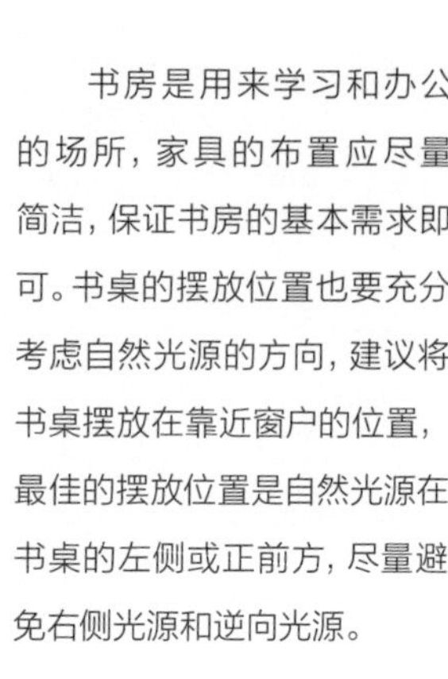

书房是用来学习和办公的场所，家具的布置应尽量简洁，保证书房的基本需求即可。书桌的摆放位置也要充分考虑自然光源的方向，建议将书桌摆放在靠近窗户的位置，最佳的摆放位置是自然光源在书桌的左侧或正前方，尽量避免右侧光源和逆向光源。

小家精心布置之处

1.阳台改造的书房，书桌选择依墙而设，避免了强光的直射，让学习与工作更舒适；台灯、壁灯的设置也使整体氛围更显温馨。

2.量身定制的书柜恰好解决了书房布局畸形的问题，黑色的开放式层板与白色封闭柜体，深浅对比，层次丰富，视觉效果明快，映衬出卡其色壁纸的温馨与精致。

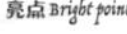

亮点 Bright points

插花

奶白色现代插花，既有浓郁清新的自然气息，还可以点缀出一个颇具现代感的时尚空间。

亮点 Bright points
茶具
瓷质茶具，可以用来喝茶之外还能作为室内装饰品。

66
布艺色彩参照家具，营造舒适和谐的空间氛围
亮点 Bright points
落地灯
落地灯被放置在休闲椅一侧，方便日常阅读。
1

窗帘、地毯、抱枕等布艺元素的装饰效果比其他装饰元素更经济实惠也更容易呈现效果。能够很好地柔化空间线条，展现风格特点，表达审美品位。小书房中，布艺装饰的选择可以参考书柜、书桌等大型家具的颜色，这种搭配方法稳妥有可靠，不会破坏整个居室的色调及氛围。

小家精心布置之处

1.灰色调的窗帘、地毯，与书房中的白色家具搭配得恰到好处，灰色与白色对比柔和又不乏明快的视感，彰显出现代居室配色的和谐气度。

2.书柜被定制成开放式的层板，高低错落的层次体现设计的用心，其上摆放的丰富物品也增添了屋内的生活气息；书柜旁摆放了一把休闲椅、一盏落地灯，明亮又温馨，休闲意味浓郁。

亮点 Bright points

现代书桌

黑色金属支架搭配白色压膜板桌面，书桌的造型简洁大方，极具现代家具的时尚感。

67
创意书柜，让收纳成为小书房的主题
亮点 Bright points
音响
小音响被挂在墙上，既节省空间，又能提升使用的舒适度。
VAIO
VAIO

小家精心布置之处

1.良好的采光配合着大面积的白色背景，让整体空间呈现的视觉效果十分宽敞、明亮；飘窗旁摆放着两三个抱枕和两个矮凳，有利于学习或工作之余的放松。

2.创意十足的书架是书房中最惹眼的设计，线条纤细流畅，层次丰富别致，既发挥了良好的收纳作用，又能在视觉上提升室内装饰的颜值，兼具实用和美感。

亮点 Bright points

坐墩

木质坐墩的造型简约别致，且不失现代感，可以用作椅子也可以用作茶几，一物多用。

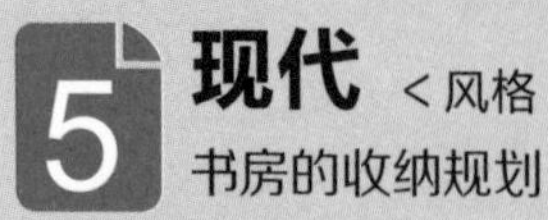

5 现代 <风格
书房的收纳规划

倚墙式书柜，节省空间，满足收纳需求

悬空的柜体设计，让大体量的收纳柜体不显压抑

既是书柜也是隔断，让小空间更有弹性

亮点 Bright points

悬空的柜子

整墙规划收纳柜时，可以考虑将柜体悬空，这样可以避免产生压抑感。

亮点 Bright points

灯带

暖光灯带的运用使陈列其中的藏品更加突出。

亮点 Bright points

定制书柜

书柜的选材与地板保持一致，延伸了空间的设计感，同时也体现了搭配的整体感。

68

倚墙式书柜，节省空间，满足收纳需求

亮点 Bright points

布艺玩偶

母子熊玩偶，让书房尽显温馨有爱。

1

2

想增加小书房的储物空间，最简单的做法是从书柜与书桌的选择入手。布置现代风格的小书房，倚墙式书柜占用的空间小，十分适用于面积较小的书房，书柜中丰富的层架可以给日常收纳带来极大的便利。

小家精心布置之处

1.书柜的设计很人性化，封闭的柜体与开放式的搁板相结合，将经常翻阅的书籍摆放在搁板上，一些不常使用的闲置物品收纳在封闭的柜体中，打造出一个整洁又富有层次感的现代小书房。

2.书柜的设计巧妙地将书房空白墙面加以充分利用，书桌和钢琴恰好可以放置在书柜之下，完美契合，将小空间的使用面积发挥搭配到极致。

69

悬空的柜体设计，让大体量的收纳柜体不显压抑

亮点 Bright points
布艺坐垫
柔软舒适的布艺坐垫，提升了榻榻米使用的舒适度。
1

独立的书房中，利用整墙的柜体来为书房提供收纳空间。为缓解视觉的沉闷感，可以将柜体设计成悬空式造型，一方面悬空式柜体比较节省空间，柜子的底部空间还可以用来摆放书桌；另一方面悬空的设计造型在视觉上也更有轻盈感，十分适合小空间使用。

小家精心布置之处

1.在书房中设计一处榻榻米，是拓展书房使用功能的最佳选择，利用细腻的木材代替传统的蔺草，方便打理。良好的采光与大面积的留白墙面也弱化了深色木材的沉闷与单调。升降桌上摆放的茶具与插花，让现代居室也可以拥有传统风格居室的禅意。

2.定制的书柜延伸出一张书桌，更符合人体工程学的设计，提升了学习与工作的舒适度。

3.榻榻米为现代居室创造了更多的收纳空间，同时也可以用作留宿亲友的场所，是小户型强化室内功能的理想元素。

70 既是书柜也是隔断，让小空间更有弹性

亮点 Bright points

中式插花

形态优美的中式插花被用来装点现代书房，优雅大方。

小家精心布置之处

1.定制的书柜将书房与室内其他空间完美分隔，为小户型居室创造了难得的独立书房；书柜与书桌采用双一字形布局，方便拿放物品，也不影响动线畅通；原木色的地板在白墙的衬托下更显温馨、整洁；宽大的窗户前放置了一张白色小沙发，沐浴在温暖的阳光下，让书房的氛围惬意舒适。

2.原木色的收纳格子中摆放着充满现代时尚气息的装饰品，简单又精致。

第 5 章

厨 房

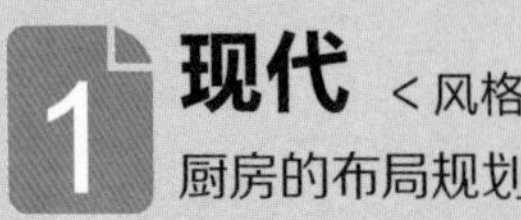

1 现代 < 风格
厨房的布局规划

线条装饰吊顶，化解梁线切割空间感

利用低间隔，保证空间的宽阔感

利用墙面延伸，让空间变大

亮点 Bright points

白色烤漆橱柜

烤漆饰面的橱柜光滑易打理，选择白色也更适合小厨房。

亮点 Bright points

铝扣板

将顶灯与铝扣板结合在一起，提升了顶面设计的整体性，日常清洁也更方便。

亮点 Bright points

一字橱柜

一字形的橱柜布局，为餐桌节省出更多空间，保证小空间的畅通性。

71

线条装饰吊顶，化解梁线切割空间感

亮点 Bright points

格栅

顶面的格栅造型，线条感十足，增添居室设计的利落感与现代感

小家精心布置之处

1.开放式的空间内，在厨房的顶面运用了木格栅作为装饰，与餐厅顶面的石膏板形成鲜明对比，从视觉上起到了划分空间的作用。

2.吧台作为餐厨两个空间的过渡，兼备功能与美观。

3.一字形的橱柜保证室内动线畅通，满足日常生活对厨房的需求，还不会使小居室产生局促感。

高挑的空间内，厨房顶面可以大胆地采用线条作为装饰，其呈现的视觉效果十分简洁、利落，同时还可以将顶面的梁线与照明灯饰包覆其中，巧妙利用顶面的设计规划来强化小空间的整体感。

72
利用低间隔，保证空间的宽阔感
小家精心布置之处
1.木质的吧台比人造石更有温度感，较低的间隔既能强化小厨房宽敞明亮的视觉效果，还能使其保持独立。
亮点 Bright points
粗陶花瓶
简洁大方的外形、粗糙的饰面呈现原始美感。
1

亮点 Bright points

花砖

别致的花砖图案使得厨房墙面变得格外有趣，也彰显了现代居室装饰别具一格的特点。

小家精心布置之处

1.用吧台作为厨房与其他空间的间隔，比传统隔断或推拉门的功能更全，既可以作为居家休闲的一处场所，也可以用来代替餐桌。

2.小吧台可以在日常烹饪时当作备餐台，提升烹饪效率；闲置时可以在吧台上摆放一束精美的插花，提升生活品位让烹饪美食也成为一种十分享受的事情。

亮点 Bright points

仿真花

永生花的颜色鲜艳，为黑白色调的厨房增添一抹亮丽的风景。

亮点 Bright points

装饰画

走廊墙面的装饰画被引入厨房，丰富厨房内容，增添时尚感。

1

利用墙面延伸，让空间变大

规划开放式厨房，利用墙面的延伸可以增加厨房的使用面积。一字形橱柜搭配独立的操作台，使操作区面积明显变大，让烹饪更为顺手。

小家精心布置之处

1.一字形的厨房运用中岛台将厨房与餐厅分隔，中岛台可以代替餐边柜提供收纳空间，实现物品的分类摆放，美感与功能并存。

2.集成式厨房将冰箱、烤箱、炉灶、洗碗机等厨房必备的电器归置在一起，省去了搭配的烦琐，彰显现代生活的便利与优越。

2

3.走廊的一侧墙面进行了延伸，为打造集成式橱柜提供了独立空间，让橱柜与背景墙融合在一起，强化小厨房设计的整体感。

亮点 Bright points

食物与器皿

美味的食物摆放在精致的餐具器皿中，也是厨房中一道诱人的风景线。

2 现代 < 风格

厨房的色彩搭配

材质的色差，让白色小厨房更有层次感

无彩色系，让厨房色彩层次明快

亮点 Bright points

工艺饰品

精致的工艺摆件，让已经定格为黑白色调的厨房，增添了不可或缺的暖意与美感。

亮点 Bright points

藏品

丰富的藏品成了厨房中最热闹的一角，既体现了主人的品位，也丰富了厨房的表情。

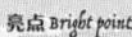

紫色墙砖

紫色墙砖的点缀，让现代风格厨房有了一份明媚之美，整体配色更具个性和时尚。

74

材质的色差，让白色小厨房更有层次感

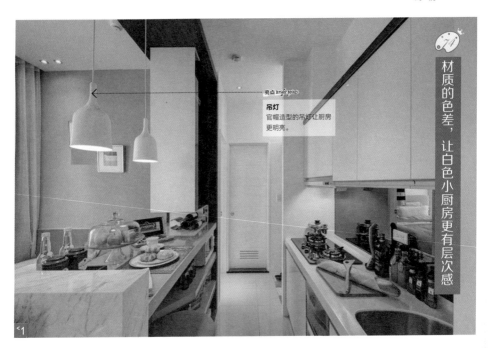

亮点 Bright points

吊灯

官帽造型的吊灯让厨房更明亮。

1

2

白色是最纯粹的颜色，能打造出干净、整洁的空间视感。小厨房中即使橱柜、操作台面都选择白色，也不会很单调，因为同一颜色不同材质所呈现的效果也不尽相同，利用材质间的色差就可以缓解单调感。如木饰面板、墙砖、玻璃等装饰材料，它们的质地不同，所呈现的色彩也会不同，它们表面微妙的变化可以达到提升色彩层次的效果。

小家精心布置之处

1.白色调的厨房中橱柜、操作台面、中岛台等处都为白色，利用材质的变化呈现的色彩层次十分柔和；橱柜下方的镜面显得尤为特别，既弱化了白色的单调感，又丰富了厨房表情。

2.通过顶面材质的变化提升了整体空间的色彩层次感。

无彩色系，让厨房色彩层次明快

黑色、白色、灰色三色是现代风格配色中最为经典的配色方案，装饰效果简洁大方又不失时尚感。在厨房中多以白色为主，利用白色打造空间简洁、宽敞的视感；黑色或灰色多为辅助色或点缀色，将其与白色进行对比，让室内氛围更明快、更有层次。

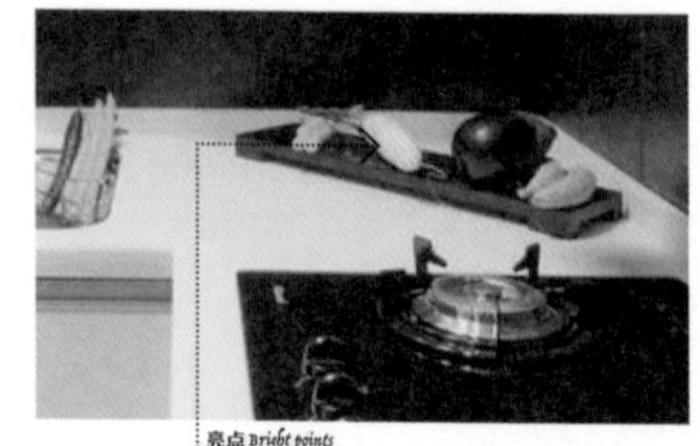

亮点 Bright points

果蔬

果蔬具有自然界中最丰富最健康的颜色，也是厨房中不可或缺的色彩来源。

小家精心布置之处

1.L形的橱柜，让小厨房看起来更加宽敞明亮，黑色墙砖与白色橱柜相搭配，显得更加干净利落，且容易打理。

2.黑色与白色用作厨房的主色，明快而强烈的对比所呈现的视觉冲击力很强，完美地展现了现代家居的时尚与大胆的风格。

3.白色烤漆橱柜呈现的视觉效果是精致的，简约大气的造型也彰显了现代家具高性价比、高颜值的优点。

3 现代 <风格

厨房的材料应用

合理选择橱柜材质，经济实惠

玻璃间隔引光入室，让无窗小厨房更加舒适

亮点 Bright points

木纹大理石

局部墙面运用了木纹大理石装饰点缀，层次丰富，纹理清晰，自然氛围浓郁。

亮点 Bright points

做旧地砖

地砖进行做旧处理，内敛低调的配色增添了现代居室的稳重感。

亮点 Bright points

烤漆橱柜

棕灰色调的烤漆橱柜，简洁大方，时尚感十足。

亮点 Bright points

不锈钢台面

不锈钢台面耐磨实用，易于日常清洁，还有抗菌功能。

76

合理选择橱柜材质，经济实惠

亮点 Bright points

鹿先生
树脂摆件，增添了厨房的趣味性。

<1

小户型的空间设计，以一切从简为设计理念，在厨房的装修设计上也是如此，橱柜的设计不能过大，否则会减少人的活动空间，不利于烹饪工作的顺利进行。此外，厨房还是个多水、多油、多污的场所，对橱柜的材质要求很高。烤漆、三聚氰胺板、防火板这三种材质的橱柜易清洁、耐水、防潮，性能稳定，性价比很高，十分适用于现代风格的小厨房使用。

<2

小家精心布置之处

1.厨房拥有明窗是一件很幸福的事情，运用易擦洗的卷帘调节光线，再搭配两三个有趣的饰品点缀其中，让整个空间更加生动活泼。

2.原木橱柜保留了天然材质本身的温润视感，可以缓解地砖、墙砖的冷硬质感；上浅下深的配色也更符合人的审美习惯。

77
玻璃间隔引光入室，让无窗小厨房更加舒适
亮点 Bright points
集成橱柜
集成橱柜是现代居室中的新宠，强化功能，提升颜值。
1

玻璃是日常生活中随处可见的装修材料，质感通透，简洁明亮。若厨房中无法拥有明窗，可以利用玻璃代替厨房与其他空间的间隔，做到引光入室，缓解无窗小厨房的压抑感，让烹饪工作更舒适。除此之外，玻璃还能产生放大空间的视觉效果，增添小厨房的灵动性与美观性。

小家精心布置之处

1.长方形厨房与阳台相连，选择了一字形橱柜，将结构特点化为优势，让小厨房也拥有了超大的操作空间；厨房与阳台之间的门板采用了半通透的磨砂玻璃，将阳台光线引入其中，让厨房也得到了拥有明窗般的自然光，干净又精致的空间是保障烹饪好心情的关键。

2.一眼望去，橱柜整洁光亮，纯净的白色烤漆将现代家具的高颜值展现在眼前，精致的五金配件搭配不锈钢线条的修饰更是突显了橱柜的线条感，看起来更加利落、精致。

亮点 Bright points

细颗粒人造石

细颗粒人造石的质感更细腻，颜值高、性能优、易打理。

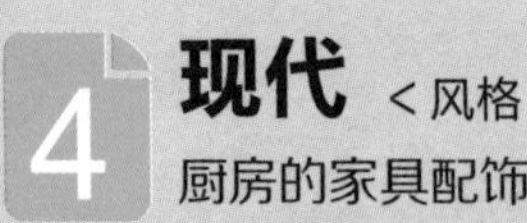

4 现代 <风格
厨房的家具配饰

简约的灯饰，使厨房简洁、明亮

巧用餐桌，打造出U形操作台

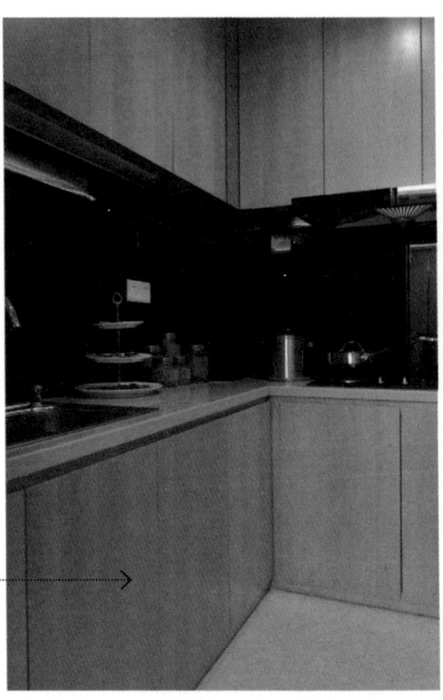

亮点 Bright points

L形橱柜

L形橱柜很适合小厨房，仿木纹饰面自然感更强。

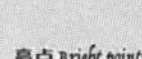

亮点 Bright points

集成橱柜

集成橱柜将炉灶、烤箱、洗碗机等厨房必备的家电归置在一起，强化了厨房的使用功能，突出了设计的整体性。

亮点 Bright points

白色台面

白色人造石台面，洁净感十足，与墙砖、橱柜形成鲜明的色彩对比，整体感更简洁、明快。

78

简约的灯饰，使厨房简洁、明亮

亮点 Bright points

组合吊灯

斗笠造型的吊灯组合运用在餐桌上方，让用餐氛围明亮温馨。

1

2

小家精心布置之处

1.量身定制的整体橱柜为厨房不仅提供了充足的收纳空间，还利用灯带的衬托，增强了空间的时尚感与层次感；橱柜结构采用开放式与封闭式相结合，让收纳功能更加多元化，拿取日常用品也更加方便。

2.将吊灯成组运用，提升了灯饰搭配的美观度，也让开放式的空间看起来更加宽敞、明亮。

由于厨房的油烟较大，容易影响视线，不利于烹饪工作的进行，所以对灯具的亮度要求较高。现代风格厨房灯具的选择趋势是逐渐简化，褪去烦琐的装饰，以简洁、明亮为主。几盏简单的筒灯或是一盏造型简约的主灯，便能满足厨房的光线需求，简约的灯具组合使小厨房呈现宽敞、明亮的视觉效果。

巧用餐桌，打造出U形操作台

U形橱柜能使厨房的使用面积得到最大化的运用。开放式的小居室内，想打造动线流畅的U形厨房布局，可以将餐桌融入其中，与原本的L形橱柜组合运用，这样一来，餐桌既能作为厨房与餐厅之间的间隔，还能成为备餐台，有效地拓展了小厨房的操作空间，缓解小厨房的局促感。

插花

现代插花形态丰富，香槟色玫瑰点缀的厨房更显娇艳、妩媚。

<1

<2

<3

小家精心布置之处

1.餐桌作为厨房操作台的延伸设计，既实现了厨房与客厅之间的划分，又将原来的L形厨房布局变成U形，大大增加了厨房的操作空间。

2.餐桌上摆放着精致的餐具、餐巾、插花，让生活充满仪式感，也彰显了现代生活的优越品质，结合墙面一侧的银镜，层次更加丰富。

3.餐桌上方搭配了两顶造型相同的吊灯，暖色的光线提升用餐氛围的舒适性与温馨感。

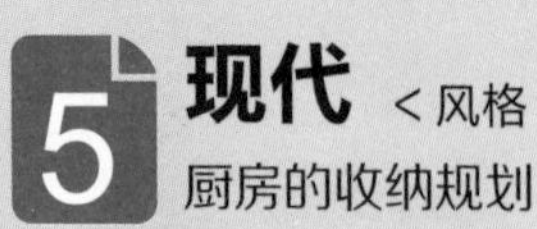

5 现代 <风格 厨房的收纳规划

利用橱柜争取更多收纳空间

整合墙面，强化收纳功能

利用辅助工具，让小物件归位

亮点 Bright points

收纳柜

开放式厨房，将橱柜设计成一字形，白色橱柜也弱化了小空间的压迫感。

亮点 Bright points

磨砂玻璃柜门

玻璃柜门具有一定的通透性，方便物品的拿取与查找。

亮点 Bright points

地砖

地砖的颜色是厨房中最深的颜色，为白色的厨房增添温度感。

80

利用橱柜争取更多收纳空间

亮点 Bright points

组合吊灯

吊灯的造型十分可爱，其糖果系的配色为小厨房增添了一份甜美气息。

亮点 Bright points

五金配件用作收纳

金属挂钩是用来收纳厨房中常用小工具的最佳选择，可以将空白墙面充分利用，高性价比也节省了装修造价。

小家精心布置之处

1.大体量的定制橱柜让厨房拥有难得的超大收纳空间，柜体选择了白色，这样可以弱化视觉上的沉闷感，一部分木质吊柜的运用，让洁净、现代的空间有了一份朴实无华的美感，也调和了室内整体色彩的温度。

2.三顶颜色和造型都不相同的吊灯，是室内装饰的一个亮点，与造型简单却十分别致的餐桌、餐椅相搭配，整体感更显时尚。

整合墙面，强化收纳功能

始终保持厨房台面干净、整洁，是获得舒适生活的秘诀。小厨房规划时，减少柜体的覆盖面积能让小空间看起来更宽敞，但是也在一定程度上减少了厨房的收纳空间。在空白墙面或橱柜转角处设计搭配造型美观、别致的收纳架，用来陈列展示一些收藏的红酒，摆放日常使用的杯子，或是将水果、点心等收纳其中，让厨房的收纳空间得以拓展，也点亮了生活情趣。

亮点 Bright points

预调鸡尾酒

颜色丰富绚丽的预调鸡尾酒被收纳在墙面上，成为厨房中的一道亮丽风景线。

小家精心布置之处

1.精致的插花、美味的点心都能成为小厨房中较为惹眼的点缀元素。

2.厨房预留的墙面上安装了各种可用于收纳的多功能置物架，将小厨房的使用空间发挥到极致，也让生活变得更加便利。

亮点 Bright points

绿植

可爱又精致的绿植被整齐摆放在搁板上，让现代厨房顿时元气满满。

小家精心布置之处

1.小吧台旁放置的两把椅子增添了空间的趣味性，明快的颜色也使空间配色更加生动活泼。

2.厨房的一侧墙面被规划成开放式的搁板，以茶色玻璃作为背板，呈现的视觉效果十分高级；搁板上不仅可以用来摆放酒杯、餐具等厨房用品，还可以根据自己的喜好将一些有趣的工艺饰品、绿植等元素陈列其中，既美化环境，还能增添生活乐趣。

利用辅助工具，让小物件归位

厨房中可以准备一些收纳篮或小型层架，用来将一些经常使用的小物件进行归类，有效释放台面，减少操作台的覆盖率，让小厨房看起来更加干净、整洁。

小家精心布置之处

1.精美的欧式点心盘既能用来收纳DIY的美味蛋糕，还可以用来收纳一些美味水果，拿取方便，比放在冰箱里更健康。

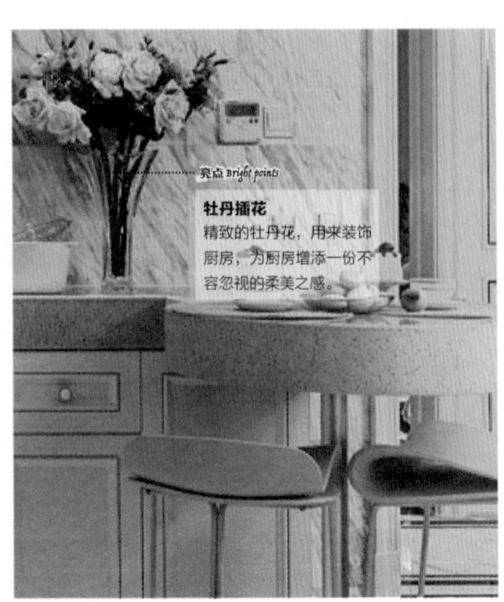

1

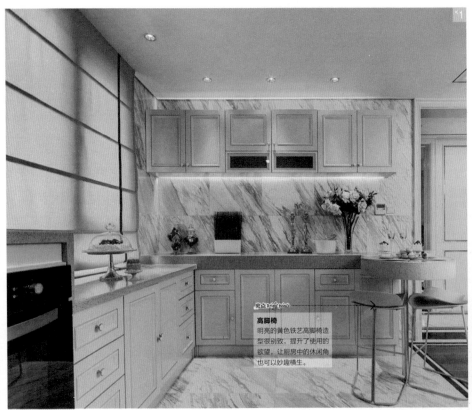

亮点 Bright points
精致的牡丹花，用来装饰厨房，为厨房增添一份不容忽视的柔美之感。

高脚椅

明亮的黄色铁艺高脚椅造型很别致，提升了使用的欲望，让厨房中的休闲角也可以妙趣横生。

第 6 章

卫生间

1 现代 < 风格
卫生间的布局规划

合理布局淋浴房，释放更多空间

改变洗手台位置，让小卫生间更宽敞

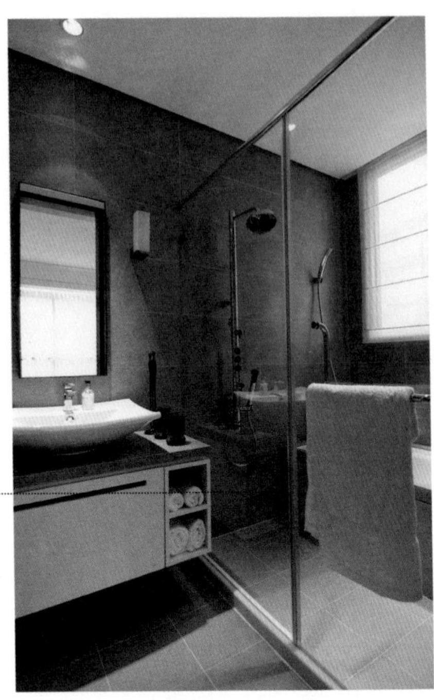

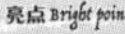

钢化玻璃淋浴房

通透的钢化玻璃隔离出一间一字形淋浴房，实现干湿分区。

亮点 Bright points

镜面柜门

既是镜面也是柜门，一物两用，为小浴室节省不少使用空间。

亮点 Bright points

蝴蝶兰

一抹绿意十足的兰花，增添了浴室的美感，柔化了大量白色洁具的单调感与冷硬感。

83 合理布局淋浴房，释放更多空间

合理地规划淋浴房，不仅能实现小浴室的干湿分区，还能达到节约使用面积的目的。通常来讲一字形、五角形以及圆弧形的淋浴房外观更加节省空间，适合用于小面积的浴室中使用。

小家精心布置之处

1.一字形的淋浴房充分利用了小空间的结构布局，为小卫生间实现了干湿分区的理想布局，通透的玻璃也不会让淋浴区显得闭塞。

2.洗手台的设计也兼顾了卫生间的结构特点，让淋浴区、如厕区与洗漱区在同一水平线上，实现互不影响的完美理想布局。

亮点 Bright points

现代插花

用鲜花点缀洗漱台，搭配出简单而协调的现代美感。

亮点 Bright points

椭圆形面盆

双面盆方便两人同时使用，提升了洗漱的效率，椭圆形更具美感。

1

改变洗手台位置，让小卫生间更宽敞

小家精心布置之处

1.选用悬挂式的智能马桶是一个为小卫生间节省使用面积的好方法，悬空的底部设计也更便于日常清洁。

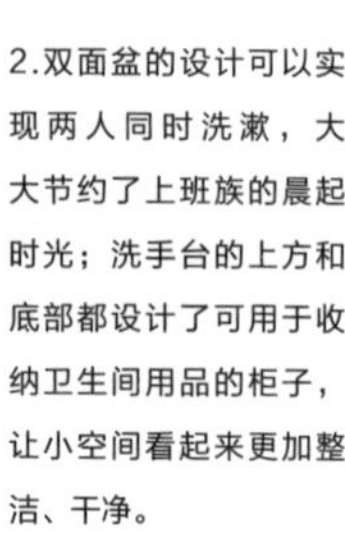

2.双面盆的设计可以实现两人同时洗漱，大大节约了上班族的晨起时光；洗手台的上方和底部都设计了可用于收纳卫生间用品的柜子，让小空间看起来更加整洁、干净。

2

<1

小家精心布置之处

1.洗手台被设计成长方形，这比传统的圆形面盆更节省空间，这样可以让更多的使用面积用于卫生间内其他功能区，以达到增强小卫生间使用舒适度的目的。

<2

2.洗手台、马桶与淋浴房形成双一字形布局，洗手台与马桶在同一直线上，将更多的空间留给淋浴区，大大提升了淋浴的舒适度。

2 现代 <风格
卫生间的色彩搭配

浅色让小浴室看起来更宽敞、明亮

软装的点缀，增添小浴室趣味性

亮点 Bright points

绿色防水墙漆

墙面局部运用了绿色，呈现的色彩层次更丰富，与白色的对比也更明快、清爽。

亮点 Bright points

木纹大理石

浅灰色色调的木纹大理石，丰富的纹理，成为室内最有层次感的装饰元素。

亮点 Bright points

黑白根大理石

黑白根大理石以黑白色调为主，明快的颜色对比，增添了室内的时尚感。

85

浅色让小浴室看起来更宽敞、明亮

亮点 Bright points

沐浴用品

壁龛上摆放的沐浴用品，也是小浴室中不可或缺的装饰元素。

1

2

想要打造出宽敞、明亮的视觉效果，白色与浅色首当其冲。它们的扩张感能够很好地缓解小空间的局促感，呈现的视觉效果干净又整洁。

小家精心布置之处

1.利用磨砂的钢化玻璃作为卫生间与主卧的间隔，既保证了私密性又不会产生压迫感；淋浴区厚重的墙壁也没有被浪费，打造出一个可以用来放置洗浴用品的小壁龛，巧妙且实用。

2.做旧的桑拿板用来装饰卫生间地面，丰富的纹理，温和的色调都是用来弱化墙砖和白色洁具冷硬感与单调感不可或缺的存在。

86

软装的点缀，增添小浴室趣味性

丰富的色彩能够活跃空间氛围，增添空间趣味性。现代风格的小浴室中墙面、地面、洁具等大件元素通常不宜使用太过华丽的颜色，但是地毯、灯饰、画品等小件软装物品则可以根据自己的喜好搭配一些比较跳跃、明快的颜色。通过软装元素为简洁的空间带入童真的图案、活跃的色彩，不仅能丰富空间的色彩层次，还能让小浴室美感倍增。

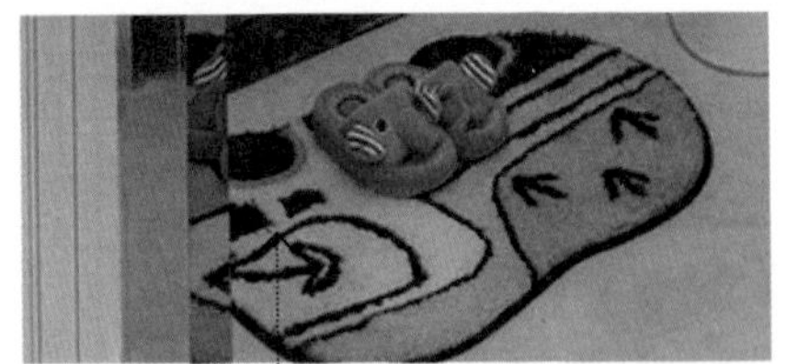

亮点 Bright points

防滑地垫

颜色清爽加上可爱的卡通图案，丰富了卫生间的搭配，让淋浴、卸妆都变得更加放松。

小家精心布置之处

1.一幅挂画、一张地毯，甚至是一双颜色鲜艳的拖鞋都能被视为小浴室中的装饰元素，是丰富色彩层次、体现生活气息的重要元素。

小家精心布置之处
1.小卫生间的布局紧凑，整体以浅色为主，弱化了紧凑感，运用了一些小件软装元素来提升色彩层次，性价比高，还不受风格限制。
亮点 Bright points
地垫
地垫是居家必备之品，选择了与毛巾、浴巾相互补的颜色。

现代 <风格

卫生间的材料应用

素色墙砖，让小浴室更宽敞、明亮

防腐木材，为浴室增温不少

亮点 Bright points

仿木纹墙砖

明亮的灯光突出了墙砖的仿木纹纹理，丰富的层次为现代居室增添了质朴的美感。

亮点 Bright points

镜面

嵌入式镜面，弱化了深色的压抑感，搭配白色洁具，增添室内简洁通透的美感。

亮点 Bright points

插花

菊花与绿色枝条组成的现代插花，精致清香，让人感到十分舒适。

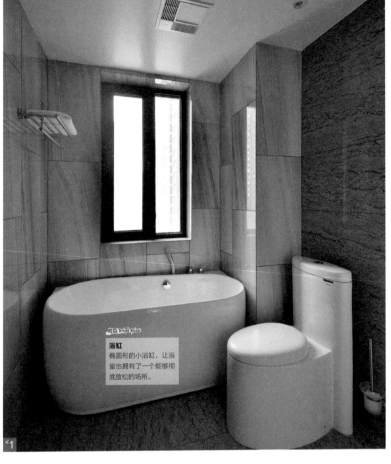

素色墙砖，让小浴室更宽敞、明亮

亮点 Bright points

浴缸

椭圆形的小浴缸，让浴室也拥有了一个能够彻底放松的场所。

用浅色调的墙砖来代替传统的白色墙砖，可增添小浴室的美感，还不会产生压迫感。为展现出现代风格所追求的简洁、素净的美感，墙砖的纹理宜简不宜繁，这样也能避免小空间内因复杂图案而产生烦躁感。

小家精心布置之处

1.墙砖的颜色及图案非常大气，小卫生间利用结构特点设立的浴缸，造型精美，不占据空间，而且非常实用。

2.洗漱区的搭配很简单，一个精致美观的面盆搭配悬空式洗漱柜，简洁大方，保证需求，提升洗漱效率。

防腐木材，为浴室增温不少

碳化木、桑拿板等一些经过高温脱水处理的木材，没有了木材的水分，既可以耐高温、防腐蚀，还不易变形、方便清洗，是用来装饰卫生间的优质板材。保留了木材的天然纹理和温润色泽，能够缓解地砖、墙砖、瓷质洁具以及钢化玻璃等材质的硬冷感，为空间增温不少。

小家精心布置之处

1.洗漱区被单独设立在卫生间之外，湿度相对较低，墙面、地面都选用了带有防腐性能的碳化木进行装饰，细腻清晰的纹理让任何复杂的设计都显得多余。

2.洗面盆的造型简洁大方，再搭配上同为白色的人造石台面，再通过大量木质材料的衬托，显得更加洁净、通透。

亮点 Bright points

碳化木板

经过高温脱水处理的碳化木，比一般木材多了防水耐潮性能。

亮点 Bright points

散热器

散热器被设计成搁板造型，可以用来收纳。

亮点 Bright points

面盆

白色与墨绿色组成的双色面盆，清爽明快，提升装饰颜值。

小家精心布置之处

1.卫生间的地面一改传统的砖石材料，选用了木地板进行装饰，为空间增温的同时，地板良好的触感与温润的视感，大大提升了整个空间的舒适度与美观度。

2.墙角放置了一个可用来收纳脏衣服的竹制收纳篮，还小空间一个整洁利落，也带入了自然质朴之美。

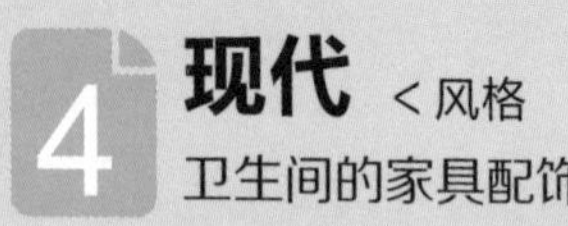

4 现代 < 风格

卫生间的家具配饰

合理规划，小浴室也可以拥有浴缸

白色洁具，让小浴室更明快

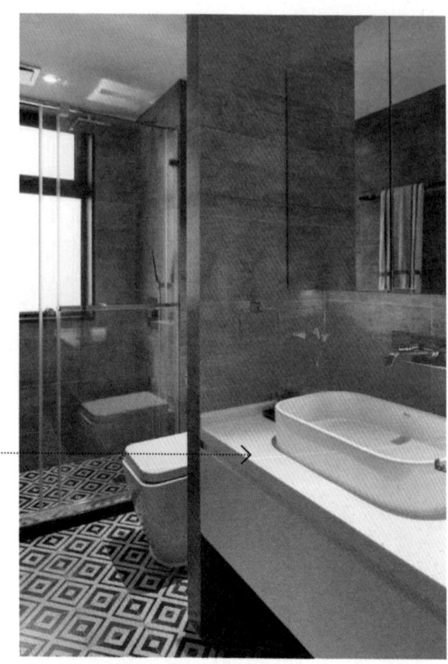

亮点 Bright points

搁板式洗漱台

搁板下搭配了抽屉，造型简洁大方，还具备一定的收纳空间。

亮点 Bright points

壁灯

壁灯的造型简单明亮，美观实用，为化妆打扮提供充足的照明。

亮点 Bright points

定制洗手台

定制的洗手台台面面积充足，量身定制让洗漱区的使用面积发挥到极致。

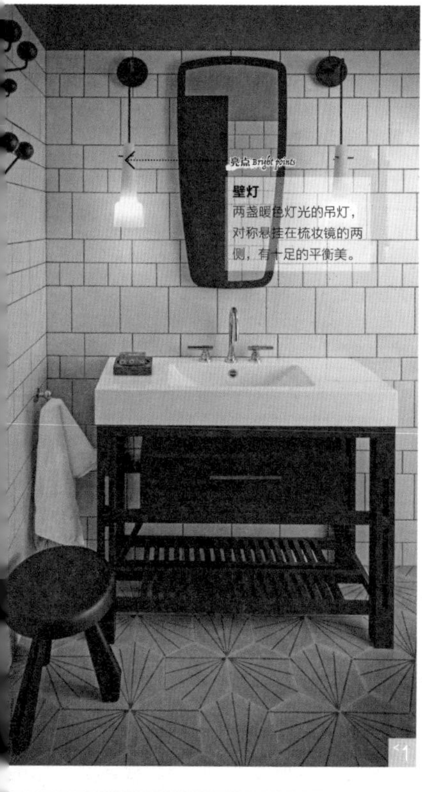

亮点 Bright points
壁灯
两盏暖色灯光的吊灯，对称悬挂在梳妆镜的两侧，有十足的平衡美。

89
合理规划，小浴室也可以拥有浴缸

ight points
台下设立抽屉，是
台面覆盖率的最佳

浴缸虽然不是浴室中必备的洁具但有助于减压、缓解疲劳，还可以为生活增添情趣。常规来讲，浴缸更适合在面积宽敞的卫浴间中，但是合理的规划浴室格局，适当地缩小卫生间中洗手盆、马桶等洁具的尺寸，小浴室中也可以拥有浴缸。

小家精心布置之处

1.洗手台下方设计了抽屉与搁板，可以将大小物件合理归类，让卫生间更整洁有序；一只小凳子十分贴心，可供老人或小孩使用。

2.浴缸在小型卫生间中实属难得，结束了一天的工作，在浴缸里泡澡会是一件非常幸福的事情。

90

白色洁具，让小浴室更明快

<1

小家精心布置之处

1.面盆、马桶和散热器都选择了白色，点缀在深灰色色调的卫生间中，整体给人的视觉效果十分明快，黑白两色的对比经典不俗，正是现代居室的经典配色。

2.洗漱台下方的收纳柜使用双层材质，白色的抽屉搭配黑色的搁板，按需收纳，提升效率。

<2

亮点 Bright points
香薰
香薰做成绿植样式，美化环境、净化空气两不误。

3.坐便器旁边配备了小型洗手池，低矮的造型，方便儿童使用。

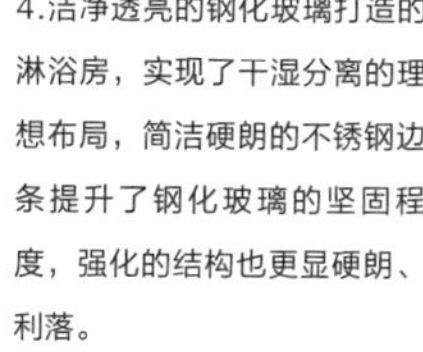

4.洁净透亮的钢化玻璃打造的淋浴房，实现了干湿分离的理想布局，简洁硬朗的不锈钢边条提升了钢化玻璃的坚固程度，强化的结构也更显硬朗、利落。

5 现代 < 风格

卫生间的收纳规划

巧用结构，衍生收纳柜

随手收纳，释放洗手台

隐藏在镜面下的收纳空间

亮点 Bright points

壁龛

在如厕区的墙面上打造了壁龛，用于收纳厕纸、毛巾等必需品。

亮点 Bright points

碳化合木板

碳化后的木材具有一定的防腐、防潮性能，可以用来装饰卫生间，在提升温度感的同时也弱化了白色洁具的单调。

亮点 Bright points

压膜板收纳抽屉

白色压膜板防水、防变形；抽屉的样式简单、轻盈。

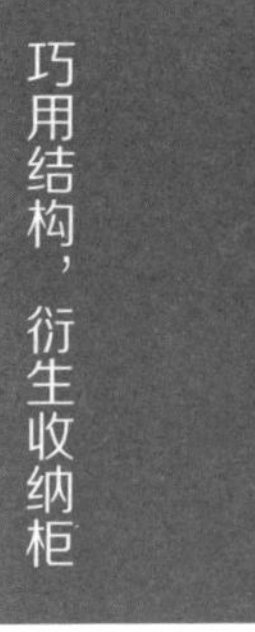

亮点 Bright points
收纳层板
焦茶色的收纳层板，颜色雅而不俗，颇为时尚大方。

小家精心布置之处

1.在马桶一侧的墙面上设计了用于收纳的柜体，开放的格子层次丰富，黑色木板与白墙的组合，让室内配色更有层次；封闭柜体可以用来收纳一些闲置物品，让整体居室生活更干净、精致。

在小浴室的拐角墙面打造用于收纳的柜体，增添空间收纳功能，以此减少转角，让空间看起来更加简洁、利落。多层次的柜体不会占用太多空间，装饰性、功能性兼备。

2.马桶上方的墙面被打造出一个壁龛，可以用来放置卫生纸或其他装饰物品，将小空间的利用率发挥到最大，做到不浪费任何一处角落。

92

随手收纳，释放洗手台

小家精心布置之处

1.洗漱柜和壁柜提供了小卫生间的收纳空间，壁柜的设计是最出彩的地方，整齐摆放的物品也体现了主人良好的收纳习惯，镜面代替柜门，兼备装饰性与功能性。

小家精心布置之处

1.加长设计的洗手台为小卫生间提供了更多的收纳空间，合理的柜体设计，也让台面得以释放，可以用来摆放一点绿植，用作净化空气或美化环境，都是不错的选择。

2.洗手台的另一侧墙面也没有被浪费，整墙设计了收纳柜，开放的层板上可以用来放置一些护肤品或毛巾，下方封闭的柜子则可以用来放置一些较重的物品，如洗衣液、消毒剂等。

亮点 Bright points

绿植

一株可爱的绿色小植物，不仅提升了室内的配色层次，还可以净化空气，让小空间更舒心。

93

隐藏在镜面下的收纳空间

亮点 Bright points

梳妆镜

收纳柜的柜门用镜面代替，让镜面后的空间得以利用。

亮点 Bright points

晾衣架

晾衣架形似一张梯子，依靠在角落里，非常节省空间。

<1

<2

小家精心布置之处

1.长方形的卫生间里设立了浴缸，不仅如此，卫生间还拥有良好的采光，将沐浴与阳光的双重享受化为现实。

2.洗漱区采用开放式收纳，将洗手台下方设计成开放式的搁板，将毛巾整齐摆放，提升室内美观度，开放式的结构也是促成良好生活习惯的开始。